地球に降り立つ

新気候体制を生き抜くための政治

ブルーノ・ラトゥール

川村久美子 訳・解題

Bruno Latour

Où atterrir? Comment s'orienter en politique

新評論

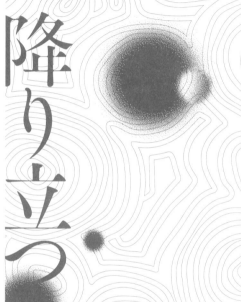

日本の読者の皆さんへ

このたび拙著『地球に降り立つ』（*Down to Earth*、原題 *Où atterrir?*）の日本語版が出版され、こうして日本の読者の皆さんにもご高覧ご批評いただけるようになった。まことに光栄で喜ばしいことである。「地球（Earth）に**降り立つ**」というアイデアは、日本の読者の皆さんからすれば、一風変わった考え方として、興味をそそられるヨーロッパ政治哲学の大論争の前触れのようにも聞こえるかもしれない。もっとも、事実は異なっていて、ヨーロッパの人々は、いまや米国にも英国にも見放され、どこに帰属するのか、どの地に居住するのか、どこに降り立てばよいのかわからず、実に不安な気持ちでいる。もし「人新世《アンスロポセン》」（人間活動が生命圏全体の活動に匹敵する時代として地質学者が定義した新たな地質年代）が**時間**感覚の喪失をもたらすのであれば、それは確実に、ヨーロッパ人に対し**空間**感覚の喪失を同時にもたらしている。

「新気候体制*」（New Climatic Regime）がすべての政治的立場を決定するという小著の命題は、二年前〔二〇一七年〕に小著がフランスで出版されて以降、多くの裏づけを得ていまや揺るぎないものになっている。今日、エコロジーの問題と社会問題は完全に一体化しているが、それは「黄色いベスト運動」がそれを証明したからというだけではない。人々が表現する苦難の感覚がテリトリー***(territory)という側面に密接に関連しているからでもある。実際、人々は「ホームレス」になったと痛切に感じている。もちろん以前は、ヨーロッパの人々のすべてが、近代化路線のおかげで自分たちはよりよい世界に向かっていると感じることができた。しかし、そこでは、世界の正確な形態、その物理的存在、温度、大気の組成、化学現象等が詳細に描き出されることはなかった。「進歩」こそが私たちの問題のすべてをいつの日か必ず解決する、そう信じられてきたからだ。いま振り返るなら、それは夢やユートピアにすぎなかったことがわかる。そうした夢やユートピアは、気候変動によって突如断ち切られたのだ。その結果、ヨーロッパ人は、深い淵の上の片持ち梁にただ引っかかっているだけの、空中に宙ぶらりんになっている自分自身を発見することになった。国家主義的で、その多くは人種差別的でもある政治への突然の転換は、ヨーロッパ人の感覚に、「ホームレスのような」、という一つの表現を与えることになったのである。

*文明の「不動の背景」として近代人が当然視してきた自然、その物理的枠組みがきわめて不安定になっている今日的状況を表すためにラトゥールが設けた造語。人間と自然は新たな関係性によって定義される激動の時代に突入したという認識に立つ。

**フランスで二〇一八年一一月より発生している政府への抗議運動。「燃料価格の上昇」「生活費の高騰」「政府の税制改革による労働者や中間階級への負担の波及」などに抗議している。毎週土曜に実施され、第二次大戦以後に起きたフランスのデモのうち、もっとも長く続いている。

***テリトリー(territory)は地理学の重要概念。個人や集団、国家によって占拠された空間の一部(エリア)を指す。テリトリーの境界は通常社会的目的を持って設定された政治的社会的文化的構築物と見なすことができる。

日本の読者の皆さんは小著の一ページ一ページを批判の眼をもって読むことだろう。日本はヨーロッパとはまったく異なる近代化の歴史を、またヨーロッパとはまったく異なる自然や土壌（soil）や地理との関係あるいは技術の発展史や政治文化を持っているのだからそれも当然だ。それでも、「堅牢な居住可能な地球」に降り立つ方法を模索しなければならない切迫感は、いまや日本を含む世界中の人々が共有するものとなっている。それは**新たな普遍的関心事**である。だからこそ日本の読者の皆さんには、小著を読まれた結果として、周りの様々な人々に、お互い助け合いながら「新気候体制」に対処するための、小著が提起する集団的な模索の方法について注意を向けるよう奨励していただきたい。私たちは皆それぞれに、近代化の廃れた夢から見放される経験を繰り返してきたはずだが、今日の状況は誰にとっても、いまだかつてない段階に入っている。激突することなく地球に上手に降り立つためには、世界中のすべての国や地域の人々がアイデアを共有する必要があるのです！

地球に降り立つ／目次

地球に降り立つ

新気候体制を生き抜くための政治

凡例
本文太字と（　）は著者のもの、〔　〕は訳者のもの。
行間番号は原注を示し、巻末に収録した。
行間＊印は訳注を示し、当該段落の直後に収めた。

Bruno LATOUR
OÙ ATTERRIR?
Comment s'orienter en politique

謝辞

小著の執筆にあたっては、第一草稿へのコメントを多方面の方々からいただいた。細かいところまで配慮したありがたいアドバイスも多く、大いに助けられた。とくに次の方々には感謝申し上げたい。Alexandra Arènes（小著の図は彼に負うところが大きい）、Pierre Charbonnier, Deborah Danowski, Gérard de Vries, Maylis Dupont, Jean-Michel Frodon, François Gemenne, Jacques Grinevald, Émilie Hache, Graham Harman, Chantal Latour, Anne Le Strat, Baptiste Morizot, Dominique Pestre, Nikolaj Schultz, Clara Soudan そして Isabelle Stengers である。彼らのコメントのすべてを取り入れるよう努力したつもりである。

小著のある部分はすでに別の出版物に載った文章を再掲する形になっている。Benoît Hamon, Yannick Jadot, and Michel Wieworka 編の *La politique est à nous* (Paris: Robert Laffont, 2017) の1部である“L'Europe seule. Seule l'Europe” (pp.269-76)、Heinrich Geiselberger 編の *The Great Regression* (Cambridge: Polity, 2017) の1部である“L'Europe refuge”、そして雑誌論文の“Propositions pour recaler nos GPS politiques,” *Libération*, February 3, 2016と“Comment ne pas se tramper sur Trump”, *Le Monde*, December 13, 2016である。

私の調査研究のある部分は、USPP-Sciences Po のプロジェクトと、“Politiques de la terre à l'époque de l'anthropocène” の助成のもとに実施したことを付け加えておく。

四つのアトラクター（引力）

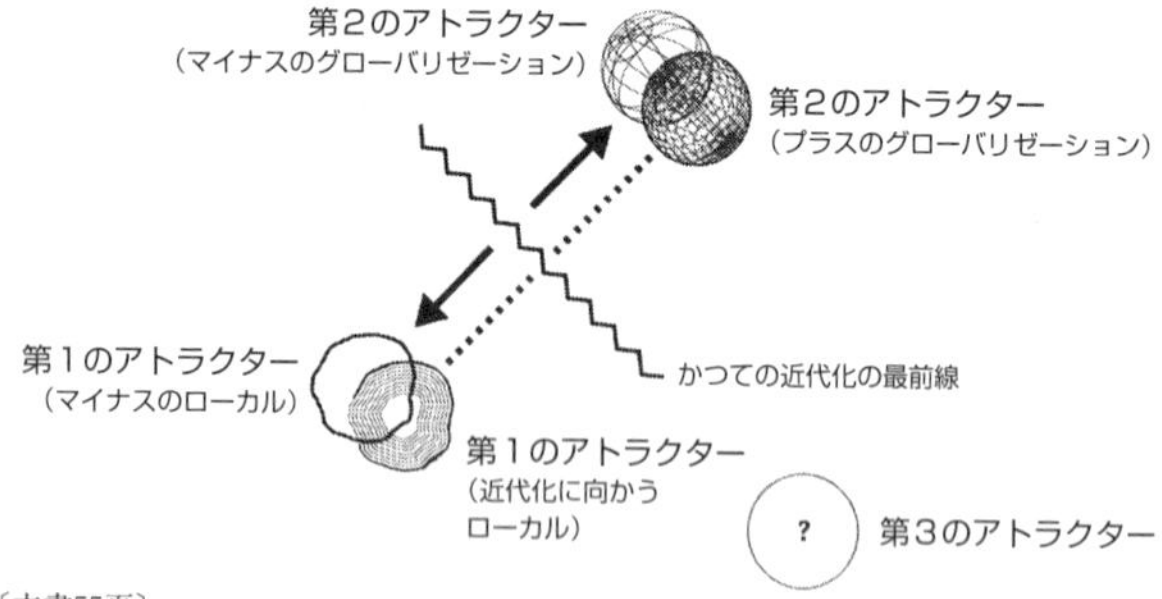

▲図2〔本書55頁〕
近代人が常用する座標システムを第3のアトラクターの登場が打ち砕く

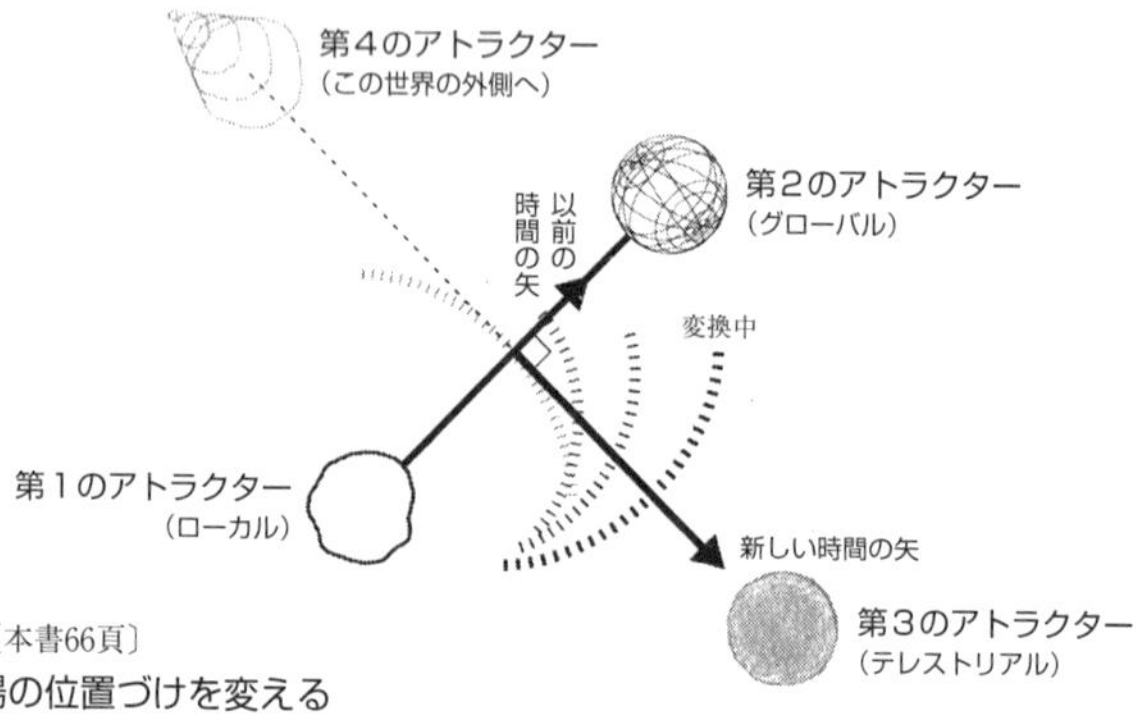

▲図4〔本書66頁〕
政治の場の位置づけを変える

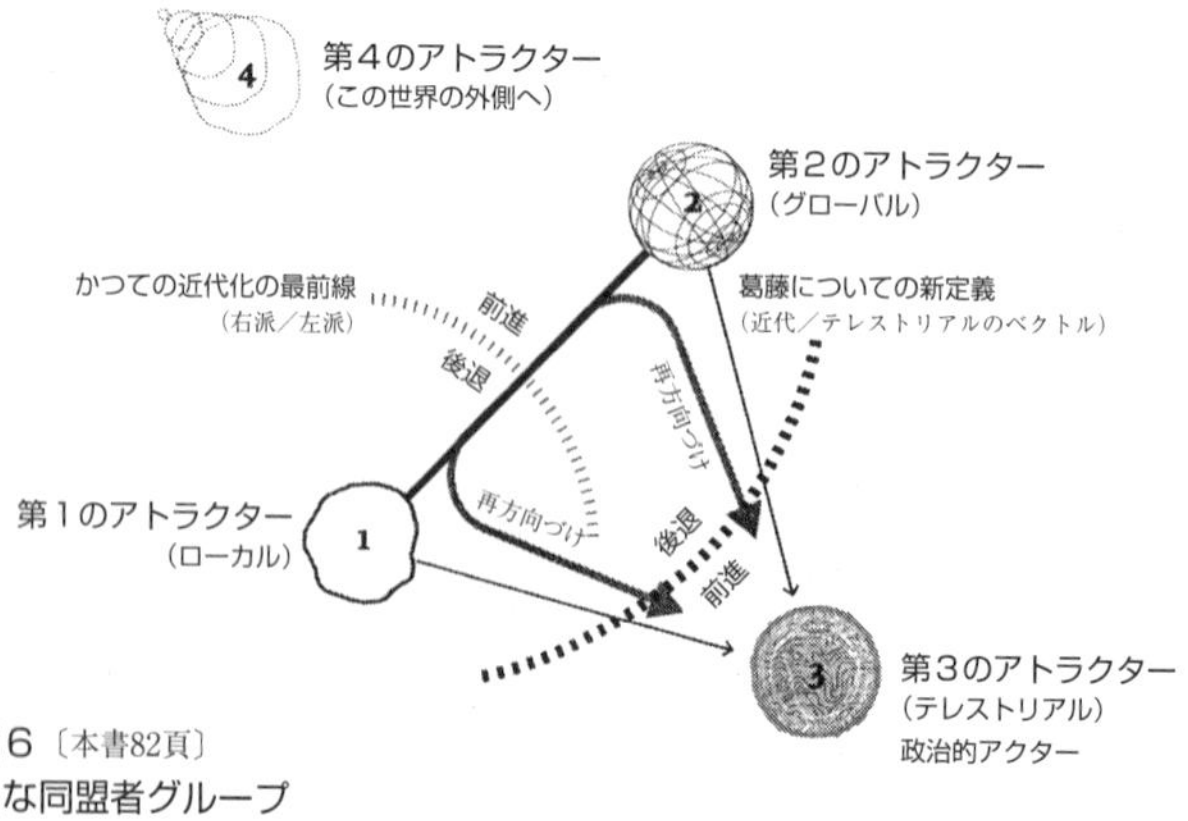

▲図6〔本書82頁〕
新たな同盟者グループ

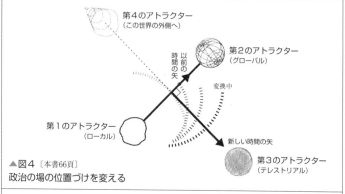

本書を読み解くための

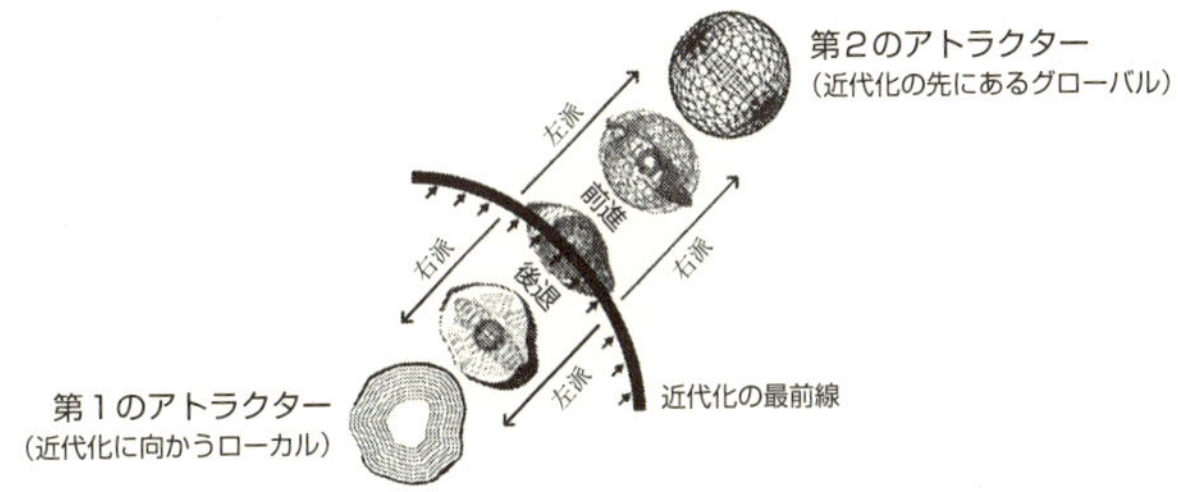

▲図１〔本書52頁〕
近代人を位置づける標準的図式

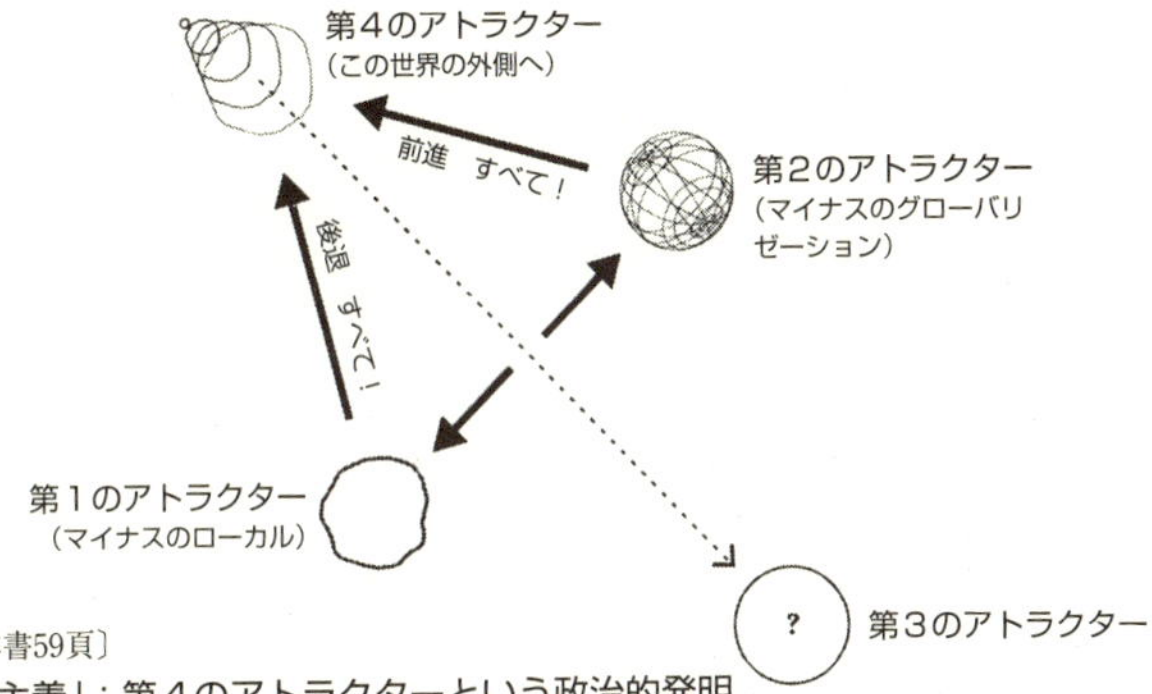

▲図３〔本書59頁〕
「トランプ主義」：第４のアトラクターという政治的発明

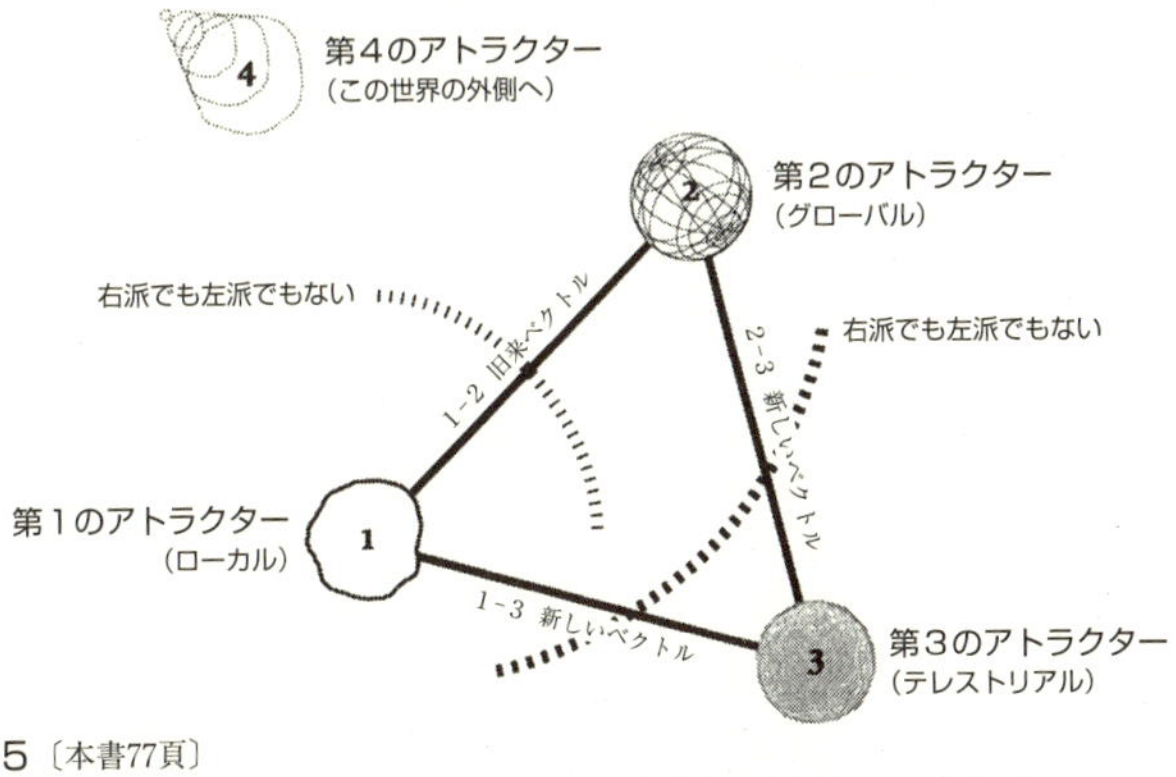

▲図５〔本書77頁〕
「右派でも左派でもない」というスローガンを位置づける二つの道

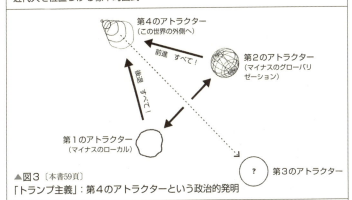

もう十分な数の書籍を読破した。

ジャレッド・クシュナー[1]

本書関連用語について（訳者）

エージェンシー（agency）は「行為能力、事象を引き起こす能力」を意味し、**エージェント**（agent）は「行為能力（事象を引き起こす能力）を発揮する存在」を意味する。**エージェンシー**という用語は、一般的なニュアンスでは人間が行為する状況を表すが、ラトゥールは、人間だけでなく非人間（虫、山、風、モノなど）も**エージェンシー**を持つ存在として、すなわち**エージェント**として捉えるべきだと主張する。

アクター（actor）は「他に作用を及ぼしうる存在」を意味する。ラトゥールら「アクターネットワーク論」（本書解題194頁以降参照）の論者は、「事象を引き起こすのは人間である」という大前提に立つ従来の社会科学のものの見方に異を唱え、「事象を引き起こすのは**アクターネットワーク**である」と主張した。**アクターネットワーク**とは人間と非人間が相互作用して作り出すネットワークのことで、これが「事象の発生」を説明すると言うのである。この考え方に立てば人間も非人間（虫、山、風、モノなど）もネットワークを構成する点で同位の存在であり、すなわち**アクター**として同位であるということになる。

1

政治的フィクションという仮説

——規制緩和と格差の爆発的増大と気候変動の否認は同じ一つの現象である

二〇一六年一一月八日、ドナルド・トランプが共和党から米大統領選挙に出馬し勝利した（大統領就任二〇一七年一月二〇日）。それを一つのきっかけとして、小著では三つの現象を突き合わせることにした。現象のいずれについても時事解説者がすでに注目している。しかし現象間の関係についてはいつも見過ごしてきた。三つを集めると、そこに莫大な政治的エネルギーが生まれる。もちろん時事解説者はそれに気づいていない。

一九九〇年代初め、ベルリンの壁崩壊に象徴される共産主義の打倒劇が起きた後、いま一つの歴史がひそかに動き出した。「歴史は自然の経過をたどった」と歴史の立会人なら言うだろう。[2] まさにその通りだった。

当初、歴史には「規制緩和」という刻印が押されていた。グローバリゼーションという言葉をますます軽蔑的な色彩に染め上げているのがこの規制緩和だ。時を同じくして格差が爆発的に増大した。

めまいを起こさせるほどの格差だった。この二つの現象がさらに三つ目の、あまり目立たない現象と重なり合った。気候変動を否定しようという組織的努力が始まったことである。気候（Climate）はここでより広い意味での、「情勢」（Climate）、すなわち人間と人間生活の物質的条件との関係を指す。

小著で提起したいのは、この三つの現象がある一つの歴史的状況の兆候だということである。状況とは、支配階級の相当部分（今日ではもっとざっくりと「エリート層」と見なされる）が、自分たちとその他すべての人類とを住まわすほど地球（earth）は広くないという結論にたどり着いたことである。

そのため彼らは、人類共通の地平――誰もが繁栄を謳歌する平等世界――に向けて歴史は進むと考えるのはもう理に適わないと判断し、一九八〇年代以降、振る舞いを一変させて、世界を主導する代わりに世界から自己を防衛するようになった。彼らの逃走の影響がいま私たちを襲っている。ドナルド・トランプは多くの影響の一つのシンボルにすぎない。分かち合える**共有世界**など存在しないという事実が私たちの正気を奪っている。

気候変動とその否認という問題を私たちが最重要課題と捉えていないとしたら、それは過去五〇年間の政治を理解し損なったからだろう。これが小著の仮説である。「新気候体制」（New Climatic Regime）[3]に入ったと考えない限り、格差の爆発的増大、規制緩和の適用範囲拡大、グローバリゼーションに向けられた批判、そしてもっとも重要な、国民国家の古びた保護体制へと逃げ帰りたい狂乱的願望を理解することはできない。不都合なことに、その願望は「ポピュリズムの台頭」と誤認されている。

共通の行先を見失った状態に立ち向かうために、私たちは「地球に降り立つ」(Down to Earth) 必要がある。どこかに**着地**して、身の処し方、自己定位の方法を学ばなければならない。そのためには、新たな地勢が私たちに求めるもの、それを位置づける**マップ**のようなものが必要だろう。そのマップによって、社会生活の**情動**だけでなく**政治リスク**についても再定義する必要があるだろう。

続けて、慎重だが大胆な戦略的思考をまとめてみることだ。その探究は、新たな目標に向けた政治感情の水路づけを可能にするだろう。

私は政治学の権威などではないから、私に唯一できるのは「ポピュリズムの台頭」仮説を論駁し、もっとましな仮説にたどり着けるよう読者にその機会を提供することである。

2

米国がパリ協定の離脱表明を行ったおかげで、私たちはどのような戦争が幕を切って落とされたのかをはっきりと知るようになった

ドナルド・トランプ大統領の支持者は大統領に圧力をかけて二〇一七年六月一日、米国のパリ（気候）協定離脱表明を引き出した。* それで問題のありかが随分と明らかになったのだから、私たちは彼らに感謝しなければならない。

*パリ協定は地球温暖化防止のための国際協定。二〇一五年一二月一二日、フランス・パリ開催の気候変動枠組条約締約国会議（COP21）で締約国一九五カ国が全会一致で採択、二〇一六年発効。今世紀後半までに世界の温室効果ガス排出の実質ゼロ、産業革命以前を基準として気温上昇を1・5℃〜2℃未満を目指す。京都議定書（一九九七年採択）に代わり二〇二〇年に本格始動する。米トランプ政権は国内の石油、石炭業界の支持層へのアピールの一貫として同協定の離脱表明を行い、二〇一九年一一月四日国連に正式に離脱を通告、このまま進めば二〇二〇年一一月四日に離脱が確定する。

何百万ものエコロジストの闘争、何千もの科学者の警告、何百もの企業家の行動、ローマ教皇フランシスコの努力[4]をもってしても成し遂げられなかったことを、トランプは成し遂げた。いまや、気候

変動こそが**地理政治**問題の核心であり、それが不公正と不平等の問題に直結していることに誰もが気づいている。

パリ協定を離脱することで、世界戦争ではないまでも、戦域の範囲をめぐる戦いをトランプ大統領が引き起こしたことは間違いないだろう。「われわれ米国人が帰属するのはあなたが帰属する地球（earth）とは違う。あなたの地球は危機に瀕しているが、私たちの地球は危機に瀕していない」。とうとう、初代ブッシュ大統領が一九九二年にリオデジャネイロ（国連環境開発会議）で予測した政治的結末、あるいは軍事的結末、そしてどのみち訪れる実存的結末が露わになった。米国は「私たちの生活様式は譲れない」と主張する。いまの生活をあくまでも堅持するつもりだ。となれば事態は明らかだろう。以前に欧米と呼ばれた、理想の共有世界はもはや存在しないのである。

最初の歴史的事件は英国のＥＵ離脱《ブレグジット》宣言だった。英国は、市場という広く開けた空間を発明した国である。その空間は海上にも地上にも広がる。また英国は、絶え間なく圧力をかけて、ＥＵをただの巨大なショップに作り変えた国でもある。まさにその英国が、多数の難民が流れ込む状況に突如見舞われ、衝動的にグローバリゼーションというゲームからの離脱を決めた。消滅して久しい帝国の復活を求めて、ヨーロッパから自らを引き剥がそうというのだ（直面する困難はますます解決を難しくするが、そうしたコストを払ってでも抜け出そうというわけだ）。

二つ目の歴史的事件はトランプ大統領の就任である。これまで米国は、世界に対し、米国特有のグローバリゼーションを強力に押しつけてきた。自らを移民の国と定義し、先住民族を追い払ってきた。

まさにその国がいま、「城塞を築き、国を孤立させる」と約束する男に運命を託している。城塞は難民を入国させないためであり、母国の役に立たない主義主張——それがどのようなものであれ——をはね退けるためである。一方で、世界中に介入する無思慮で拙劣なやり方はこれまでと変わらない。「いかなる境界も組織的に撤去せよ」——そう唱道してきた人々のあいだに、いま国境への新たな執着が広がっている。それがグローバリゼーションという考え方に対するとどめの一撃となった。かつての「自由世界」を支えた最大の担い手国、英国と米国が他国にこう告げる。「私たちの歴史はもはやあなた方の歴史とは交わらない。あなた方は地獄へ向かうのです」。

三つ目の歴史的事件は、移民の再開、増加、爆発である。グローバリゼーションの多角的脅威が各国を襲い始めたまさにその瞬間から、多くの国々では何百万という人々をどのように迎え入れたらよいのかを模索しなければならなくなった。移民は何百万人どころか数千万人にも上る[6]。度重なる戦争が累積的効果を及ぼし、経済成長を目指した開発が失敗に終わり、さらに気候変動が生じて、難民はテリトリーを追われてやって来る。自身や子孫のための居住地をひたすら探し求めている。

「これらはみな古くからある問題だ」——そう言って片づける人もいるだろう。しかしそうではない。これら三つの現象は元は同じ一つの変容《メタモルフォーゼ》——**土壌（soil）という概念の変化**——であって、その異なる側面の一つひとつにすぎない。グローバリゼーションの夢を支える土壌が崩れ始めたのだ。これこそ「移民危機」と控えめに呼ばれてきた問題のまさに新しい局面である。

私たちの苦悩が深刻であるのは、足下の地面（ground）が崩落するのを誰もが感じ始めているからだろう。私たち全員が、まだ再発見していない、再占有もしていない新たなテリトリーに移り住む運命にある。そのことを誰もがうすうすと感づいている。

それは四つ目の歴史的事件のせいだ。これがもっとも重要だが、議論されることがもっとも少ない歴史的事件である。二〇一五年一二月一二日、COP21（第二一回国連気候変動枠組条約締約国会議）と呼ばれる国際会議がパリで開催された。参加国が気候に関する合意（パリ協定採択）を達成したまさにその最終場面で事件は起きた。

事件の現実的影響を推し量る物差しとなるのは、各国代表らの決定内容でもなければ、それが実際に履行されるかどうかという見通しの問題でもない（気候変動否定論者は協定を骨抜きにしようと力の限りを尽くしているが）。一二月のあの日、実現が危ぶまれた合意にたどり着き、協定署名国のすべての代表が拍手喝采でこれを迎え入れたとき、彼らは同時にある重大な事実に気づいた。各国がそれぞれの近代化プランに沿って突き進んだとしても、それを適える惑星（planet）はもはや存在しないということである。[7] 開発の希望のすべてを実現するには複数の地球（planet）が必要になる、しかし実際には一つしかない。

グローバリゼーションのグローブ（Globe＝世界）を実現する惑星（planet）、地球（earth）、土壌（soil）、領土＝テリトリー（territory）など、どこにも存在しない。これまではすべての国がそのグローブを目指してきた。だが、もはや誰にとっても、確実な「安住の地」はないのである。

これにより、私たちの一人ひとりが、次のような問いに直面することとなった。今後も現状をつねに超えていく近代の夢を見続けるのか、それとも自分たちと子孫が暮らせるための新たなテリトリーを探し始めるのか。

問題の所在を否定するか、**着地できる場所を探す**かのどちらかである。今後はこの点が私たちを分ける。政治勢力として右派であるべきか左派であるべきかが私たちを分けるのではない。

問いに直面するのは富裕国の**旧住民**だけでなく、**未来の新住民**も同じだ。旧住民は、グローバリゼーションを実現する惑星などもはや存在せず、生活スタイルのすべてを変えなければならないと認識している。未来の新住民は、荒廃した自分たちの居場所をいずれ離れざるをえず、やはり生活スタイルを根本的に変えて新たなスタイルを手に入れなければならなくなる。

言葉を換えれば、いまや移民危機はより一般的なものになっているのである。

そこにはまず**国外からの**移民がいる。彼らは計り知れない悲劇と引き換えに自国を後にし、国境を越えてやって来る。加えて**国内からの**移民〔＝移住者〕を考えなければならない。彼らは元いた場所〔＝国〕に居住し続けるものの、**国から見捨てられる**というドラマを生きていく。耐えがたさに差はあるものの同じ一つの体験である。移民とは自分の**土地を奪われる**試練のことで、誰にも訪れうる試練である。移民危機の概念化を難しくしているのは、現在の移民がこの試練の最初の兆しだからである。

もっとも、事態は切迫しているにもかかわらず誰もが意外に無関心である。それはこの試練のせいだ。気候変動について私たちは**静穏主義者**になっている。何の対処もせずに最後にはすべてがうまくいくと思っているからだ。地球環境について日々伝えられるニュースは私たちの心理に一体いかなる影響を与えているのか。そう思わずにはいられない。対処法がわからない不安から、私たちは心のどこかで万事休すと思い込んでいるのではないか。

個人的でなお集団的なこの不安こそが、トランプ当選を最大限に導いたものである。この不安がなければ、トランプ観戦などどこにでもあるような平凡なテレビシリーズの脚本を読むのとさして変わらなかっただろう。

米国には二つの選択肢があった。一つは、気候変動の広がりとそれに対する米国の甚大な責任を認め、最終的には現実路線に立って「自由世界」を窮境から救い出すこと。もう一つは、これまで以上に徹底して地球温暖化否定路線を行くこと。トランプの陰に隠れる人々はあと二、三年だけでも米国が夢の国を浮遊していられればと願っている。そうすれば、地球（Earth）に降り立つのをしばし先延ばしすることができる。米国以外の世界が窮境に陥ればそれでよい。たぶん永久に浮かび上がってこないだろうから。

3

移民の問題はいまやすべての人にとっての問題となった。それが新たな邪悪な普遍性をもたらす。すなわち、誰もが足下の地面を失うということだ

地球（planet）の「近代化」に一心に取り組んできた人々は、これまで、着陸地を探す問題とは無縁に生きてきた。そうした問題は、「新大陸発見」、帝国化、近代化、開発、そしてグローバリゼーションと続く四世紀の影響を耐え忍んできた人々にのみ生じてきたことだが、それも大変な苦痛を伴うものだった。彼らは、土地を奪われた人間がその後一体どうなるのかを、そして自分の土地を追われるとは一体どのような経験なのかを熟知している。選択肢があったわけではない。奪われ、追われた彼らは望まずして征服、皆殺し、土地没収を生き抜くエキスパートになった。

一方、近代化を推進してきた土地持ちの人々にとっての新発見とは、移民をめぐるテリトリーの問題が、他人だけではなく自分にも起きていると知ったことにある。たぶんそれは以前ほど血なまぐさくも、残忍でも、目立ったものでもない。しかし所有者が土地を奪われるのだから、暴力的な収奪には違いない。この所有者は、かつて征服戦争のとき、別の所有者からこの土地を奪った。だが、いま

巡り巡って土地を奪われる運命にある。8

予想外の意味が「植民地以後《ポストコロニアル》」という用語に新たに付け加わったわけだ。かつての喪失と今回の喪失、二つの喪失感情には家族的類似があるようだ。「かつてあなた方はテリトリーを奪われた。それは私たちが奪ったものだ。しかし奪ったがゆえに、いま私たちは土地を失う運命にある」。奇妙なことに、友愛の情ではないにしても、古典的対立に取って代わってそこに新たな絆のようなものが生じている。「どうやって抵抗し、生き抜いてきたのですか。それをあなた方から学ぶことができればよいのですが」9。こうした質問には、決まってくぐもり声が、皮肉交じりにこう答える。「ようこそ、わがクラブへ」。

換言すれば、パニックに近い空間識失調の感覚が、現代政治の場を縦横に回遊しているのだ。私たち全員の足下で地面（ground）が一斉に崩れ始めている。私たちの住処も、所有物も、すべてが攻撃対象となっている。そうした感覚なのだ。

自然を守れと言われたときと、自分のテリトリーを守れと言われたときとでは、沸いてくる感情が違うことに気づくだろう。自然を守れと言われれば、あくびは出るし退屈なだけだ。しかし自分のテリトリーを守れと言われると、目が冴えて瞬時に臨戦態勢を取り始める。

自然がテリトリーに変わった途端、「エコロジーの危機」や「環境問題」を語ったり「生命圏《バイオスフィア》」の再発見、救済、保護について語ることは、これまで以上に意義深いものになるのだ。そこでの挑戦は、命や存在との関わりがより深く、より直接的だから理解もしやすい。あなたの足元から絨毯を取り払うとどうなるか。床の状態をつねに気にしなければならないとすぐに気づくはずだ。

それは愛着の問題、ライフスタイルの問題でもある（それが足元から引き抜かれたらどうなるか）。そしてそれは土地の問題、所有地の問題でもある（それが足下で崩れ去ったらどうなるか）。誰もが同じような不安に襲われるだろう。かつての植民地の入植者も先住民族の人たちもこの点では変わらない。いや、状況に不慣れな分、入植者の方が先住民族の人たちよりも不安は大きいかもしれない。それ以上に確かなのは、誰もが、共有できる空間、居住可能な土地の絶対的不足に見舞われていることである。

もっともそれは一種のパニックだが、このパニックはどこから来るのだろうか。新大陸征服時代、続く植民地時代、最後の開発時代…、土地を奪われた人々がつねに感じてきたあの不公正という重々しい感覚から来る。どこか別の場所からやって来た権力者があなた方の土地を奪う。あなた方には抵抗する力さえない。もしそれがグローバリゼーションのもたらす収奪なら、振り返ってみて、植民地化された人々にとってなぜ抵抗だけが唯一の解決法だったのかがわかるし、なぜ自衛がつねに正しい方法だったのかもわかる。

いままったく新しい道の上で私たちは人間の普遍的条件を経験している。たしかにそれも邪悪な普遍性だが、私たちに残された唯一の普遍性である。グローバリゼーションによって約束された以前の邪悪な普遍性は遥か遠くの地平線に遠ざかった。新たな普遍性は、地面（ground）が徐々に崩れ落ちる感覚を私たちが共有し始めたことから生じている。

新たな普遍性は、私たちの相互理解を助けるだろうか。そして空間の専有をめぐる未来の戦争を抑止できるだろうか。たぶん難しいだろう。しかし出口はここにしかない。どの土地が居住可能なのか、誰とシェアするのがよいのか。それを共に見つけていくしかない。

この戦略を取らなければどうなるのか。何も起きていない振りをして「アメリカンライフ」の目覚めかけた夢を引き延ばすだけだろう。壁の内側で自分だけを守るのである。しかし、ご存じの通り、すぐにも九〇億、一〇〇億になる人類がそこから得るものは何もない。

移民の増加、格差の爆発、新たな気候体制——**実はこれらは同じ一つの脅威である**。ほとんどの同胞市民たちは、地球（earth）に起きている事態を過小評価ないしは否定している。ただし、安定したアイデンティティを持ちたいという彼らの夢を移民問題が危機に陥れようとしていることだけは十分理解している。

同胞市民たちは、いわゆる「ポピュリスト」政党によって完全に覚醒させられ、しかも徹底的に説き伏せられてきた。そのためしばらく前から、エコロジカルな大転換（mutation）についての一面だけは捉えることができている。すなわち、気候危機が引き金となって、米国人たちの歓迎しない人々が国境を越えてやって来ることだ。だからこそ次の反応になる。「決して越えられない国境線を打ち立てよう。そうすれば、侵入されることはない」。

もっとも、同じエコロジカルな大転換にはもう一つの側面がある。彼らはそれを本当の意味で理解していない。それは「新気候体制」のことだ。もう久しく前から、私たちが打ち立てた国境線などものともせずに、「新気候体制」が世界中で吹き荒れている。吹きすさぶ風に私たちはつねにさらされている。どのような壁もこの侵入者を防ぐことはできない。

　私たちが自分たちの帰属を守りたいなら、この新たな「移民」についても**出自を明らかに**しておかなければならない。それは形も国家もなさない移民だ。それは気候、浸食、公害、資源枯渇、生息地破壊とも呼ばれてきた。二本足の移民の侵入を防ぐにはただ国境を封鎖すればよいが、この新たな「移民」の国境越えを防ぐ手立てはない。

「しかしそうなら、自分の家でくつろぐなどもう誰にもできないのですね」。

　その通り。実際には国家主権、破られない国境などもはや何の役にも立たない。政治の代わりにはならない。

「すべての壁が取り払われオープンになって、外の世界に住まわねばならないとしたら、保護も何もなくなってしまう。荒れ狂う風に翻弄され、誰かれなく交じり合ってしまう。もはや何の保証もなくなるから、すべてにおいて周りと競い合い、奪い合いになる。一カ所にとどまることもできない。アイデンティティのすべて、安穏のすべてが失われる。誰がそんな状態を生き抜けるというのでしょうか」。

　誰も生き抜いてはいけない。たしかにそうだろう。鳥も、細胞も、移住者も、資本家も、そんな世界のなかでの生活は無理だ。ディオゲネス*にさえ樽を持つ権利があり、遊牧民にはテントが、難民には保護施設があるというのに。

*古代ギリシャの哲学者。粗衣粗食で、樽のなかに住み、奇行に富んだ。とくにアレキサンダー大王との問答で有名。

広く開けた空間〔＝市場〕や「リスクの引き受け」について遊説する人々の口車には一瞬たりとも乗ってはならない。また、すべての保護を捨て去り、全人類を近代化の果てしない地平へと運び込もうとする人々に騙されてはならない。善良そうなそうした使徒は、自分の安穏が保証されたときにだけリスクを取る。前方に待ち受けている世界について彼らが語る方便などに耳を傾けたりせず、彼らの後方にあるものを見る必要がある。丁寧に畳み込まれた黄金のパラシュート、存在に伴う偶発的危機に立ち向かうための道具が、薄光のなかに瞬くのが見えるだろう。

権利のうちもっとも基本的なもの、それは安全で保護されているという感覚が持てることである。とくに古びた保護が消えつつあるときにはそれが重要になる。

「歴史とは見出されるべくしてそこにある」――これがいまの私たちの状況だ。境界と被覆と保護をどうしたら再び織り合わせることができるのか。今後、気候変動が私たちの行方に大きく立ちはだかる。グローバリゼーションは終焉を迎え、移民規模は拡大し、国民国家の主権には大きな制限が課される。それを考慮しながら新たな立ち位置を見出していくにはどうしたらよいのか。

何よりも、同胞市民たちに安心を感じてもらうにはどうすればよいのか。彼らは、追憶のなかで国家のアイデンティティ、民族のアイデンティティが何度も甦ることこそ救いだと考えている。加えて、永続的な地面（ground）を求めている何百万もの外国人たちがいる。彼らとともに歩む途方もないチャレンジを中心に据えた共同体生活、これをどのように構築すればよいのか。

政治的課題は、流浪民を強いられた人々に安心と保護を保証することである。そのためには彼らに、アイデンティティの保護を謳う偽りの支援や固く閉じられた国境の誘惑から遠ざかるよう呼びかけなければならない。

どうすれば同胞市民は安心感を得られるのか。守られているという感覚を彼らに感じてもらうにはどうすればよいのか。彼らのかつてのアイデンティティは、出自、元来の人種（autochthonous races）、堅固な国境、リスク全般に対する保険といった考え方の上に築かれていた。もはやそうした概念に頼ることはできない。

彼らに安心を感じてもらうには、二つの相補的な行為を成功裡に同時遂行できるよう、近代的な思考を組み直すことである。一方で**小さな土壌**（soil）**に愛着を抱く**、他方で**グローバル世界に接触する**。この二つは、近代化の厳しい試練によって対立関係に追い込まれてきたものである。これまでは、二つを同時に遂行することなど不可能で、どちらかを選択しなければならないと考えられてきた。この「明らかな矛盾」を、現代史が解消することになるだろう。

4

プラスのグローバリゼーションとマイナスのグローバリゼーションとを混同しないように心がけなければならない

グローバリゼーションがもたらす破壊とは本当は何を意味するのか。たしかにグローバリゼーションは諸悪の根源に見える。様々な「人々」が突如として、グローバリゼーションに対し「反旗を翻し」始めた。彼らは「意識昂揚」法を用いて大奮闘する。その方法で人々を「覚醒」させ、「エリート層」の傍若無人ぶりに注意を向けさせるのだという。

しかし、現状を捉えるには、私たちが日頃使っている言葉にこそ注意を向けるべきだろう。「グローバライズ」という概念には、「グローバル化できるもの」がすでに大量にあるという意味合いがたしかにある。しかしそこには「グローブ」（球）という言葉も、ダナ・ハラウェイの用語「世界化《ワールディング》」（世界とつながる）の「ワールド」（世界）という言葉も含まれている〔本書原注49〕。グローバリゼーションに反対するためにそれらも廃棄せねばならないとなれば、あまりに残念である。

この五〇年間、「グローバリゼーション」と呼ばれてきた現象は実は**二つの対立する事象からなっ**

ていた。それが体系的に混同されてきた。

ローカルからグローバルへと視点を移すとはどのようなことなのか。もちろんそれは、**視点を増やす**、**より多くの多様性を記述する**、多数の存在・文化・現象・有機体・人間を**考慮に入れる**、といったことであるべきだろう。

ところが、今日のグローバリゼーションはそうしたことをまったく意味しない。「視点を増やすこと」とは正反対の意味を持つ。言葉の実際の使用のされ方を調べてみると、まさに**ひとつの視点**しか表していない。一地方の少人数が発案したもの、きわめて限られた利害しか代表しないもの、少数の尺度を利用するもの、限定的な基準と儀礼に従うものしか表していない。それが結果的に万人に押しつけられ、四方八方に隈なく広がっている。そうなると、グローバリゼーションを受け入れればよいのか、グローバリゼーションと闘えばよいのか、よくわからなくなる。わからないとしても決して驚きではない。

視点を**増やす**ことが課題なら、やりがいのある闘いになる。「一地方の」見方あるいは「閉鎖的な」見方をかき集め、新しい視点を取り込んだ上で、視野の複雑化を図ればよいだろう。世界の在り方や行方、持ち物の価値、グローブ（Globe ＝地球）の定義をめぐり選択肢が**減らされる**ことが問題であるなら、簡略化に力の限り抵抗すればよいだろう。

それはいいのだが、どう見てもグローバリゼーションが進むほどに視点はますます制限されていくように見える。自分の土地という限定的な視点から距離を置くことを嫌う人はいない。ただそれは、遠方にあるもう一つの小さな土地の狭隘な視点に身を委ねるためであってはならない。だとすればここから先は、「**プラスの**グローバリゼーション」〔すべての人々に開かれたグローバリゼーション〕と「**マイナスの**グローバリゼーション」〔限られた人々に占有されるグローバリゼーション〕とに分けて議論するのがよいだろう。

着地計画がどのようなものであれ、それを複雑化させているのが、「グローバリゼーションは不可避だ」とする定義であり、その反発として生み出される「反動主義」〔復古主義〕である。

マイナスのグローバリゼーションの唱道者は、グローバリゼーションに抵抗する人々を長いあいだ非難してきた。要するに、グローバリゼーションに抵抗する人々は万事が昔風で、遅れていて、自分のごくわずかな土地にしか興味がなく、ちっぽけな家に閉じこもってわが身を万難から守ることばかり考えているというのだ（こうした非難には「広く開かれた空間」への嗜好が現れている。たとえば航空会社のマイレージサービスを利用するとき、空港のメンバールームをつねに避難場所に使う人々が好んで口にする空間がそれである）。

マイナスのグローバリゼーションの唱道者は、時代遅れに見えるこうした抵抗者を、近代化の巨大な押し上げレバーに委ねて覚醒させようとしてきた。この二世紀のあいだ、時間の矢のおかげで、こうしたやり方は前方に進む一群の人々――近代推進者、進歩主義者――と、後方に残ろうとする人々をうまく分類することができた。

「近代化せよ」という喊声にはとくに内容はないが、こう言いたいのである。グローバリゼーションへの抵抗は一瞬にして違法になる。だから、後方に残ろうとする人々と交渉する必要はない。グローバリゼーションは前進するのみで引き返せないものだ。行進とは逆方向に避難する人々は端から失格の烙印を押されている。[10] 彼らは敗北者であるばかりか理性喪失者でもある。まさに**敗者に災いあれ！**＊ということだ。

＊ガリア人の首領、ブレンヌスが戦いに敗れたローマ人に言ったとされる言葉（リウィウス『ローマ史』第5巻48）。勝者の思いのままにされる敗者の運命をいう。

近代人ながら後方に残ろうとする人々は、ローカルへの嗜好、土地への愛着、伝統の保持、地球（earth）への気遣いといった対照的な特徴を持つ。しかし、こうした特徴は道理に適ったひとまとまりの感情と見なされることはなく、「古典的」「反啓蒙主義的な」立場への単なる郷愁として批判されてきた。

グローバリゼーションの呼び声がプラスとマイナスに分かれた曖昧なものであったことから、ローカルから期待できることも不鮮明になってしまった。そのせいで、近代化の揺籃期以来、土壌（soil）への愛着はすべて退歩のしるしと見なされてきた。

このようにグローバリゼーションにはまったく異なる二つの見方があり、地球（Globe）に生じる多様性の記し方も〔視点を増やすか減らすかという〕二様だと言うのだから、ローカルへの愛着についても二つの対照的な見方、記し方があると見てよいだろう。

グローバリゼーション（プラスもマイナスも）から大いに利益を得てきたエリート層には、ローカルに愛着を抱く人々を狼狽させているものが何なのか、どうしても理解できない。ローカルに愛着を持つ人々は、地域・伝統・土壌・アイデンティティに抱かれ、保護され、安心を何度でも与えられたいと願っている。ところがそのことをエリート層は、人々が「ポピュリズム」の警笛に屈したと言って非難する。

近代化への拒絶は様々に解釈できよう。恐怖からくる反射作用、野望の欠如、生来の怠惰さの表現、などだ。ただしカール・ポランニーが明快に示したように、攻撃に対して社会が自己防衛に走るのはいつだって正当である。近代化に抵抗するとは、自らの地所の代わりに他の地所が用意されることを、**勇気をもって拒む**ことである。提供される地所はニューヨークのウォールストリートかもしれないし、北京あるいはブリュッセルかもしれない。その場所は元の地所と変わらず狭隘で、何より元の地所から遠く離れていて、元の地所のローカルな利益などおよそ反映しない場所である。

グローバリゼーションに強く執着している人々に、ローカルへの愛着を理解してもらうことは可能なのか。土地、場所、土壌、コミュニティ、空間、環境への帰属を守り、維持し、確かなものにしたいと願うのは当然である。生活様式、交易、技能を保護し、維持し、保証したいと願うのも当然である。そしてそれは正当であり、不可欠である。それを理解してもらうことは可能なのか。何よりそれを理解してもらうことは、より多くの差異や視点を記述していくためにも必要である。はじめから記述の数を減らしておこうなどといった過ちが起きてはならない。

そうだ。たしかにグローバリゼーションに抵抗する「反動主義者」はグローバリゼーションを誤解している。しかし、グローバリゼーションを唱道する「進歩主義者」も、なぜ「反動主義者」が慣習やしきたりに固執するのかを正しく理解していない。どちらも同じなのだ。

だからローカルについても、「**マイナスのローカル**」〔閉鎖的、排他的なローカル。国境あるいは民族自治の境界内の確実性を狂騒的に求める〕と「**プラスのローカル**」〔グローバルに対する単なる反動としてのローカル〕を区別しておこう。マイナスのグローバリゼーションとプラスのグローバリゼーションを区別したのと同様である。最終的には、グローバリゼーションに賛成か反対か、ローカルに賛成か反対かを知ることが重要なのではない。世界に帰属する方法をできるだけたくさん記録し、維持し、育成すること、それができているかどうかをよく把握しておくことが重要なのである。

「それではあまりにこだわりすぎだし、不自然な分割法を取り入れることになる。**血と土***（Blut und Boden）にまつわる古風なイデオロギーは表に出さない方がよいのではないか」――そう言われるかもしれない。

*ドイツ語の「血と土」は民族主義的なイデオロギーの一つ。文化的な継承を意味する民族の「血」と、祖国を意味する「土」の二つの要素に焦点を当てる。民衆と、彼らが住み耕す大地の関係を祝福し、地方の生活を美徳として高く評価する。

そうした反論が出るのは、壮大な近代化プロジェクトを危機に陥れた重大な事実を忘れているからである。近代化がもはや不可能だとするなら、それは進歩、解放、開発の理想を現実化させる惑星地球（Earth）それ自体が存在しないからだ。[12] 結果的に、**帰属のすべての形**が変容を始めている——地球（globe）への帰属、世界（world）への帰属、地方への帰属、特定の土地区画への帰属、世界市場・土地・伝統への帰属など、すべてが変化している。

文字通り、私たちは面積、規模、居住の問題に向き合わなければならなくなった。グローバリゼーションの地球（globe）を実現させるには、地球は**狭すぎるし制限が多すぎる**。同時にそれは**大きすぎる**。ローカルをどう定義するにせよ、ローカルが持つ狭隘で制限された境界内に閉じ込めておくには、地球は大きすぎる。果てしなく大きすぎ、能動的すぎるし、また複雑すぎる。私たちの誰もが、こうして二度にわたって地球に圧倒される。小さすぎることと大きすぎることを通して。

そのため、誰もが答えを持ち合わせていない——居住可能な土地をどのように探せばよいのか。グローバリゼーションの唱道者（プラスとマイナスのグローバリゼーションの唱道者）もローカルの唱道者（プラスとマイナスのローカルの唱道者）も答えられない。どこへ行けばよいのか。どのように生きていけばよいのか。誰と暮らせばよいのか。まったくわからない。場所を見つけるために何をしなければならないのか。どこに向かって歩いていけばよいのか。

5

グローバル主義者の支配階級は連帯の重荷のすべてを少しずつ投げ捨てていくことに決めた。それはどのように決められたのか

間違いなく何かが起きた。グローバリゼーションの理想が突如として転覆したのだから、何かとてつもなく異常な事態が起きた。その重大事件をより正確に位置づけるために、まず前述の仮説にもう一つの仮説を立て、これを政治的フィクションで肉づけしてみよう。

もう一つの仮説はこうである。一九八〇年代以降、以前よりも多くの人々――活動家、科学者、芸術家、経済学者、知識人、政党――が地球（Earth）の危機の進行について理解を深めるようになった。惑星地球と人類の関係はかつてはかなり安定していた[13]。だが安定状態は長くは続かず、やがて地球が反発するようになった。前衛部隊となったこれらの人々が困難を乗り越えて証拠を集め、そのことを示した。

地球をめぐる制約の問題はいずれ不可避的に登場するだろう。誰もが以前からそう認識していた。しかも、少なくとも近代人のあいだにはある種の決断が共有されていた。非常に奇妙な方法で抑制を

取り除き、大胆にも制約の問題を無視しようというのである。[14] そうすれば運命の予言者の声など聴かずに前へ前へと突き進み、土地を占領し利用して、最後には乱用することができる。もっともそれは、地面（ground）が比較的穏やかだったからこその話である。

いま本当に少しずつだが、所有地、収奪した土地、開拓地の地面の**下から、もう一つの地面**、もう一つの地球（earth）、もう一つの土壌（soil）が沸き起こり、身震いし、動き始めている。それはある種の地震のようなもので、開拓者にこう言わしめる。「気をつけよ。以前と同じものなど一つとしてない。本来の地球（Earth）が戻って来た。今まで手なづけられ、おとなしかった地球のパワーが炸裂する。今後、私たちは大きな犠牲を払わなければならないだろう」。

ここでこの仮説に政治的フィクションを取り込もう。想像してもらいたい。もしヨーロッパ以外〔具体的には米国〕のエリート層が、もしその一人ひとりが、地球が示す脅威、警告を聞いていたとしたらどうなるか。彼らは私たちヨーロッパ人ほど見識高くはないが、十分な手段を持ち、重要な利害関係に手を染めている。何より、莫大な財産の安全確保と裕福な生活の維持に人一倍の関心を寄せている。

このエリート層について私たちはよく認知しておかなければならない。彼らもまた地球からの警告が正しいことを知っている。ただ、人類活動に対する地球のしっぺ返しに対して、今後彼らが支払うべき代価が相当額に及ぶことには納得していない。いま存在する証拠だけでは、最終結論を出すのに不十分だとしている。もちろん長年のうちに、証拠は疑いようもないほど蓄積している。彼らの見識は地球の警告に耳を傾ける分だけまだましだが、破壊がもたらす結果を一般市民と共有しようというレベルには達していない。

反対に彼らは地球の警告から二つの結論を引き出したと見なさなくてはならない。だからこそ、ツイッターの主（＝トランプ）を当選させて、ホワイトハウスに送り込んだのである。第一の結論、「たしかに私たちは大変動に対してかなり大きな犠牲を払わなければならない。ただ破壊の**代価を払うのは他者であって**私たちではない」。第二の結論、「『新気候体制』に関わる事実は、たしかに議論の余地がないほど確かなものになっている。それでも**私たちは地球温暖化を断固として否定する！**」。

二つの結論こそが次の三つの現象を結びつける。第一に、一九八〇年代以降の「規制緩和」あるいは「福祉国家の解体」と呼ばれる現象。第二に、二〇〇〇年以降のいわゆる「気候変動否定論」[15]。そして第三に――何より重要な事実として――、過去四〇年間に起きためまいを起こさせるほどの経済格差の拡大である[16]。

仮説が正しければ、これらは一つの現象にまとめられる。エリートたちは、すべての人が享受する未来などないと心底確信するに至った。だから、**連帯責任の重荷をできるだけ早く捨てよう**と心に決めた――ゆえに規制緩和となる。（人口のわずかな割合を占める）自分たちが難局を生き抜くには、金ぴかの要塞まがいのものを建てなければならない――ゆえに格差の爆発的増大となる[17]。共有世界からの逃走というあくどい自己中心主義を隠すには、地球の脅威を一笑に付すことだ。実際には脅威があるから一目散に逃走する――ゆえに気候変動の全否定となる。

タイタニック号の使い古された比喩を用いて説明しよう。支配層は難破の事実についてよく認識していた。だから自分たち用に救命ボートを差し押さえ、オーケストラには子守歌を演奏させ続けた。まもなく船の傾きが増して一等客室以外の客が難破に気づくだろう。でもその前に自分たちは夜闇に紛れて船を後にすることができるだろう。[18] もう一つ、比喩にすぎないと言ってはいられない決定的な事実を話そう。一九九〇年代初め、世界最大の石油資本エクソンモービルは、自らの行為の意味をはっきりと自覚しながら、巨額のマネーを投資して血眼で石油掘削を行った。しかもそれは気候変動の危機について優れた科学論文を自ら出版した後だった。またエクソンモービルは同時に、地球温暖化の脅威を全面否定するキャンペーンを淡々と展開したのである。[19]

こうした人々を今後は蒙昧主義のエリートと呼ぶことにしよう。快適な状態で生き延びたいなら、**世界中の人々と地球（earth）を分かち合う素振りは今後いっさい、たとえ夢のなかでも見せないことである——**それを彼らは十分自覚している。

上述の仮説は、プラスのグローバリゼーションがどのようにマイナスのグローバリゼーションに変わるのかをよく表している。一九九〇年代まで人々は、（グローバリゼーションから利益を得ていることが条件だが）近代化の地平を進歩、解放、富、快適さ、贅沢、そして何よりも合理性に結びつけることができた。その後、規制緩和への渇望が生じ、経済格差が爆発的に増大して、人類団結の放棄へと続いた。やがて近代化の地平は徐々に気まぐれな決定に結びつくようになった。気まぐれはどこからともなく表れて、少数者の利益のみを重視するようになる。世界で最良だったもの〈プラス〉が最悪なもの〔マイナス〕に変わったのである。

タイタニック号の手すりにもたれて眼下を見れば、ようやく事態を飲み込めた下等客室の乗客たちが、上へ上へと引き上げられていく救命ボートを見上げている。オーケストラは演奏を続ける――「主よ、御許に近づかん」。しかし音楽はもはや怒りの悲鳴をかき消すことができない。

裏切りにあったときに人々が見せる茫然自失と嫌悪の表情を理解したければ、何よりもこの怒りについて語らなければならない。

エリートたちは、一九八〇年代か一九九〇年代以降、パーティーは終わったとずっと感じてきた。**ゲーテッドコミュニティ**〔ゲートで囲まれた富裕層の居住区〕をもっとたくさん作らねばならないと考えてきた。[20] それがあれば一般大衆と空間をシェアしないで済む。とくに有色人種とシェアしないで済む。まもなく世界中で有色人種が動き出すだろう。家を追われ、流れ歩くようになるだろう。そうなれば、後に残された者もグローバリゼーションが破棄されたことにようやく気づき、エリートたち同様、ゲーテッドコミュニティを求めるようになるだろう。

一方の反発が他方の反発を引き起こす。もっとも、両者とも互いの反発以上に**過激な反発に対峙している。それが地球**（Earth）**の反発である。**地球は、人間が加える強打を吸収するのをやめて反撃に転じた。反撃は日増しに容赦のないものになっている。

私たちは一つの同じ連鎖について論じていることを忘れたときに限って、こうした反発の応酬を軽視してしまうものだ。しかし、連鎖は人間活動が起源で、それに地球が反発したことから始まった。

開始したのは私たちの方だ。「私たち」とは古くからの西洋、とくにヨーロッパのことである。他の解釈があるとは思えない。私たちは、自分が引き起こしたことの結果とともに生きる術を学ばなければならない。

グローバリゼーションが地球環境にもたらす影響に対して地球から力強い反発が起きた。人間はその反発とどう向き合うのか。向き合い方には三つのパターンがある。効果的とは言えないけれど、どれもおおむね理解は可能だ。三つの向き合い方を知らないとしたら、私たちは格差の驚異的な拡大、「ポピュリズムの波」、「移民危機」についてほとんど何も理解していないことになる。

さて政治的フィクションに戻ろう。三つの向き合い方とはこういうことだ。ある人々はきらびやかな亡命生活に逃げ込む。それが一％の富裕層に許された贅沢な選択だ――「スーパーリッチは優先的に保護されなければならない」のである。別のある人々は堅牢な国境に執着する――「気の毒に思ってくれ。せめて安定したアイデンティティという保証を手にさせてくれ」。そして最後に残った、もっとも悲惨な運命にある人々は国外追放という運命のなかを生きる。

最終的な分析に委ねればわかることだが、これら三パターンの向き合い方をする人々は、実際には一人残らず「（マイナスの）グローバリゼーションが産み出した人々」である。もっとも（マイナスの）グローバリゼーションは磁力を失い始めている。

6

共有世界の廃棄は認識論的譫妄状態を引き起こす

本書の見るところ、蒙昧主義のエリートたちは脅威を深刻に受け止めている。彼らは自分たちの支配力が脅かされていると感じ、すべての人々と地球（planet）をシェアするという理想を廃棄することに決めた。ただ廃棄の事実はいっさい公にしてはならない。そのことを彼らはよく心得ている。そのため、自身の振る舞いの根拠となる科学的知識を徹底して排斥、否認することに決めた。それも極秘に行う。これが、この三、四〇年間に蒙昧主義のエリートたちが行ってきたことである。

本書の仮説はにわかには信じがたいものだ。排斥、否認するとは精神分析の解釈にも通じるし、陰謀説にも通じるのだから。[21] しかし、この現実を書き起こすことは不可能なわけではない。ただし誰かが何かを隠蔽しようとしていることを人々が早々に気づき、相応の対応を取るという当然すぎる仮定をすればの話ではあるが。

明確な証拠がないながらも、影響そのものは誰の目にも明らかだ。現在、影響のうちもっとも啓発化されているのは認識論的譫妄状態である。ドナルド・トランプの大統領選以来、公の舞台を支配しているのがこの譫妄状態だ。

否認は好ましくない。あのような否認は、冷酷に嘘をついておいて、後は嘘をついたことさえ忘れるという手法だ。ただ実際には嘘をついたこと自体を何度も想起しているのだ。何とも消耗させるやり方ではないか。当然、私たちはこう自問する――もつれた事態はもつれに囚われた人々にどのような影響を与えるのか。答えは正気を失うということである。

最初に時事解説者が突如として「こうしたもつれに囚われた人々」を発見し始める。次にジャーナリストが、人々は「もう一つの事実」〔地球温暖化否定論者が作り出す事実〕にすがりつき理性のかけらもないとの見解を披露する。

時事解説者はこれら善良な人々を、視野が狭く独りよがりだと言って非難する。続いて、人々が抱く恐怖心、エリートに対する生来の不信感、そして真理という考え方に対する嘆かわしい限りの無関心、さらにはアイデンティティ、生活文化、懐古主義、国境への異常な執着心と順に取り上げる。最後は、「何よりよい尺度になるのは咎められても仕方ないほどの事実への無頓着ぶりだ」と締めくくる。

こうした状況を見れば、「もう一つの事実」をめぐる作戦が成功していることがわかるだろう。

実際それは、「人々」が彼らエリートたちに**無慈悲にも裏切られた**ことを忘れさせるための策略だったのだ。エリートたちは、「世界中の人々と**ともに**地球（planet）を近代化する」というプロジェクトをとうの昔に諦めてしまった。結局、近代化は不可能であると誰よりも早く悟った。地球（planet）は世界中の人々の夢の経済成長を実現するほど大きくない、そのことがわかったからである。「人々」が何も信じなくなったと責める前に、信頼を根底から裏切ったエリートたちの行為の影響を捉えなければならない。実際、信頼は無残にも路傍に打ち捨てられたのだから。

真実性を証明する知識は、それ自体で自立して存在しているわけではない。もうすでにおわかりのはずだが、事実は共有文化、信頼できる制度、まあまあ堅実な社会生活、比較的信頼できるメディアに支えられて初めて堅牢になる。[22]

二世紀ほどの近代化の努力は無に帰そうとしている――人々は表立ってそう告げられたわけではない（もちろんそうだと疑ってはいたが）。「指導者は社会連帯の理想のすべてを投げ捨てた」と告げられたわけでもない。あのルイ・パスツールやマリ・キューリーが信じたように、あなたも科学的事実を信じなさいと言われただけだ！

もっとも、重大な裏切りをしたエリート層に襲いかかった認識論的激震の方も同様に甚大だった。それを実感するには、トランプ大統領就任後のホワイトハウスを揺るがした、混沌の日々を観察するだけで十分だろう。地球がもたらす圧倒的脅威としっぺ返し、その事実を否認しなければならない。しかも脅威の存在を認めなければ、他者すべてに全面戦争を仕掛けることになってしまう。そうした状況下で、確固不動のその事実を尊重することなど到底無理がある。エリートたちはまさに、ことわざにある「部屋のなかの象」やウジョーヌ・イヨネスコ〔一九〇一－九四。不条理演劇の先駆けとなったルーマニア生まれのフランスの劇作家〕のサイと同居しているようなものだ。これほど居心地の悪いものはない。バカでかい動物たちがいびきをかき、甲高い声を上げ、うなり声を発している。誰かれなく押しつぶしているから、真っ当な思考どころではない。大統領執務室は正真正銘の動物園と化したのである。

否認は否認する当の本人だけでなく、否認に騙されかねない人々にも毒を盛ることになる（「トランプ主義」に特徴的な騙しのスタイルについては後述することにしよう〔本書第8章〕）。

結局、エリートたちと一般の人たちとの唯一の違いは、前者のなかのスーパーリッチ層（彼らと比べたらトランプなどは単なる中間層にすぎない）が、逃走に加えてもう一つの大罪、償うことのできない大罪を犯した点にある。それが決定的な違いだ。もちろんその大罪とは、気候変動を脅迫的に否認したことを指す。これにより人々は、虚偽情報の濃霧のなかで対処することを余儀なくされていった。近代化を押し進める一大プロジェクトがすでに終了し、放棄されたことなど、誰も教えてくれない。体制の変更が不可避となったことなど、微塵も知らせてくれないのである。

人々は一般的には懐疑の目で物事を見る傾向がある。だが、偽情報に対し数十億ドルもが投資されているなかにあって、いまや人々はその偽情報に駆り立てられ、一つの圧倒的な事実である気候の大変動にさえ懐疑的になっている。[23] 人々がもっとずっと早い時期から、気候変動を確かな事実として認識していれば、制限時間内に対処する望みもいくらかはあった。手遅れになる前に、政治家を動かして手を打つことができた。だがそうはならなかった。実際には、まだ非常出口が見つけられる段階の時期に気候変動懐疑論者が人々の前に立ちはだかり、情報へのアクセスを遮ってしまった。いずれ最終判断が下されるときが来れば、エリートたちのこの重罪には告訴という事態が訪れるだろう。[24]

　人々は、問題の本質を理解していない。最近では気候変動否定論者が政治のすべてを牛耳っている。[25]ジャーナリストがポスト真実時代について語るとき、彼らはそれを実に軽々しく扱う。なぜエリートたちは自身を震え上がらせる真実（エリート層は事実を正しく認識している）を作為的に退けておきながら、政治には積極的に関わり続けるのか。ジャーナリストはその理由をしっかりと伝えていない。そしてなぜ人々はもう何も信じないことに決めたのか（それは正しい行為なのだが）。ジャーナリストはその理由を強調して伝えていない。統治者は人々を鵜呑みにさせようとしている。そうであれば、人々がすべてに疑念を抱き、聞く耳を持たないのも十分理解できる。

　こうしたメディアの反応は、残念だが「理性的思想家」を自負する人々の反応にも当てはまる。思想家は「ツイッターの主」が事実に無関心であることに憤慨している。同時に無知な人々の愚かさを非難している。彼ら「理性的な」人々は、共有世界や制度や社会生活なしでも「事実」はそれ自体で自立して存在していると思い込んでいる。また「無知な人々」を伝統的な教室に連れ戻し、黒板と練習問題を使って鍛えてやれば「理性」は最終的に勝利すると無邪気に考えている。

「理性的な」人々もまた、結局は虚偽情報に絡め取られているにすぎない。「人々はもう一つの事実〔地球温暖化否定論者が作り出す事実〕を信じている」と憤ってみても仕方がないことを彼らは理解していない。「理性的な」人々自身も他の大勢の人々とともに、気候変動が実際に生じている**世界**に住んでいるのであり、彼らの宿敵が作る虚偽の世界に住んでいるのではない。その現実から出発すべきである。

となると、問題は認識能力の欠陥を治すことでも、その治療法を探すことでもない。同じ世界に住み、同じ文化を共有し、同じ危機に挑み、共に探求できる景色を知覚し合うこと、そうした営為をどのように実践するのかが問題なのである。ところがここで私たちは、いつもの認識論上の愚行に陥ってしまう。共有すべき実践の欠如を、知的欠陥に起因する問題と捉えてしまうのだ。

7 第3のアトラクターの登場が、ローカルとグローバルの二極に分断された近代の古典的組織を解体する

いまを解く鍵が「認識能力の欠陥」にあるのではないとすると、その能力がまさに適用される実践場、対象世界の形態のなかにその鍵を見つける必要があるだろう。いま複数の世界、複数のテリトリーが存在する。それらが互いにぶつかり合い、両立不可能な状態にある。問題を解く鍵はまさにそこにあるのだ。

わかりやすくするために、まずこう仮定しよう。近代化プロジェクトの遂行に一度は賛成してきた人々のすべてが、ローカルからグローバルへと至る**ベクトル**のおかげで自分の帰属する場所を再発見できたとする。

すべてが向かおうとしているのが大文字のGで始まるグローブ（Globe＝地球）である。グローブは科学的地平、経済的地平、道徳的地平の三つの地平を同時に描き出す。それは「プラスのグローバリゼーション」が描くグローブだ。空間性と時間性の両方を兼ね備えた道標である。空間性は地図作成

を通して描かれ、時間性は未来へ向かう時間の矢によって描かれる。グローブは何世代ものあいだ、人々の熱狂を引き起こしてきた。グローブは豊かさ、自由、知識、そして安穏な暮らしに接近することと同義だったからである。グローブに導かれることで人間性の一つの定義が定まった。

とうとう海洋が開かれた。とうとう国境を越え、外の世界が広がった。とうとう無限宇宙に到達した。こうしたアピールに影響を受けなかった人はいないだろう。グローブから利益を得てきた人々の熱狂がどれだけ大きかったか推し量ってみよう——ただし、グローブがその道程で押しつぶしてきた人たちに押し広げた恐怖については、いまは驚かずにおこう。

近代化のために**見捨てる**必要があったのがローカルである。ローカル（Local）もまた大文字のLで始まる。大文字化すれば、大昔からの居住地や代々受け継がれてきた土地、先住民族を生んだ土壌（soil）などと混同されることはない。近代化が古くからの絆をすべて切り離したので、近代化**以後**に作られたテリトリーには先住民族や土着性に関連したもの、原始的なものはいっさい存在しない。また大文字で始まるローカルはグローバルの対極に位置づけられるから、それはグローバルでないものを意味する。

グローバル、ローカルの二極が示されれば、近代化の最前線《フロント》をたどることが可能になる（後掲図1）。最前線は近代化指令が描くラインである。近代化指令は、人々にいかなる犠牲も厭わずに前へ進むことを要求する。故郷を離れ、伝統を捨て、慣習を断つよう促す。「前進したい」なら、開発計画に乗りたいなら、最終的に世界から利益を得たいなら、犠牲を払うことである。

もちろん相矛盾する二つの指令のあいだで人々は引き裂かれる。進歩の理想に向けて前進する一方で、往時の確実性に向けて後退する。しかし、この逡巡、この綱引きが、結局は人々に合っていた。セーヌ川に沿って歩くパリジャンが、通りの奇数偶数の番号をたどることでどこを通り過ぎているかを認識するように、私たちは歴史の流れに沿って自分を位置づける方法をよく心得ていた。

そこには近代化に異議を申し立てる人々もいた。彼らは、近代化の最前線《フロント》の**反対側**＊に立っている。（ネオ）先住民族、時代遅れの者、被征服者、植民地の民、サバルタン（従属的社会集団）、排除民である。立っている位置のおかげで、最前線にいる人々は確固とした根拠のもとに、反対側の人々を反動主義者あるいは最低でも反近代人、社会のくず、社会からの疎外者として扱うことができた。むろん反対側の人々がそれに抗議するのは当然である。しかし、抗議は結局、敗北した彼らの泣き言へと後退し、彼らを批判する人々を正当化するだけで終わった。

＊ポストコロニアル理論などの分野で用いられる、ヘゲモニーを握る権力構造から社会的、政治的、地理的に疎外された人々。

それではあまりに非人間的だろう。たぶんそうだ。しかしこれでようやく世界が向かう方向が定まったのである。時間の矢は必ずどこかへと向かうのだ。

さてそうなると、位置取りはずっと容易になった。ベクトルに左派、右派の分類を投影することができるからだ。

もっとも投影自体は簡単とはいえない。議論されるトピックによって、左派と右派はまったく異なる方向を指し示すからだ。

たとえば経済の話だった場合、右派はグローバルに向けて執拗に突き進もうとするだろう。左派は（弱気な右派もそこに含まれるが）いくつか制約を設けて歩調を緩め、「市場の力」に翻弄される最弱者を保護するかもしれない（市場についても大文字で始まるMarketを使う。小著で扱うのはイデオロギー上の簡単な指標だからである）。

あるいは「道徳の解放」、とくに性的問題が関わる場合、逆に左派がグローバルに向けて執拗に突き進もうとするだろう〔進歩的反応〕。右派（左派が入る場合もあるが）は「滑りやすいその坂」を引きずられていくことに強く抵抗する〔反動的反応〕。

これだけでも「進歩的」と「反動的」のラベルづけは十分複雑になる。さらにそこに真正の「反動主義」が現れる。真正の反動主義は「市場の力」と「道徳の解放」のどちらにも反発する。加えて真正の「進歩主義」も登場する。真正の進歩主義は右派と左派の複合体で、「資本の力」と「道徳基準の多様化」の解放を同時に求めるから、グローバルに向けて一気に突き進む。

ただこれらはみな結局は微妙な違いで、何があろうと人々は最終的に共通の土台の上に到達点を見出そうとする。どの立場もあくまで**同一のベクトルに沿って**位置づけられるからだ。体温計の目盛りを読めば患者の体温がわかるように、ベクトルに沿ってそれぞれの位置を測ればそれでよいのである。

歴史の方向はすでに定められている。障害物もあるだろう。「後戻り」も「急速な進歩」も、そして「革命」も「復古」もあるだろう。ただこれらの項目の位置取りについては大きな変更は生じない。

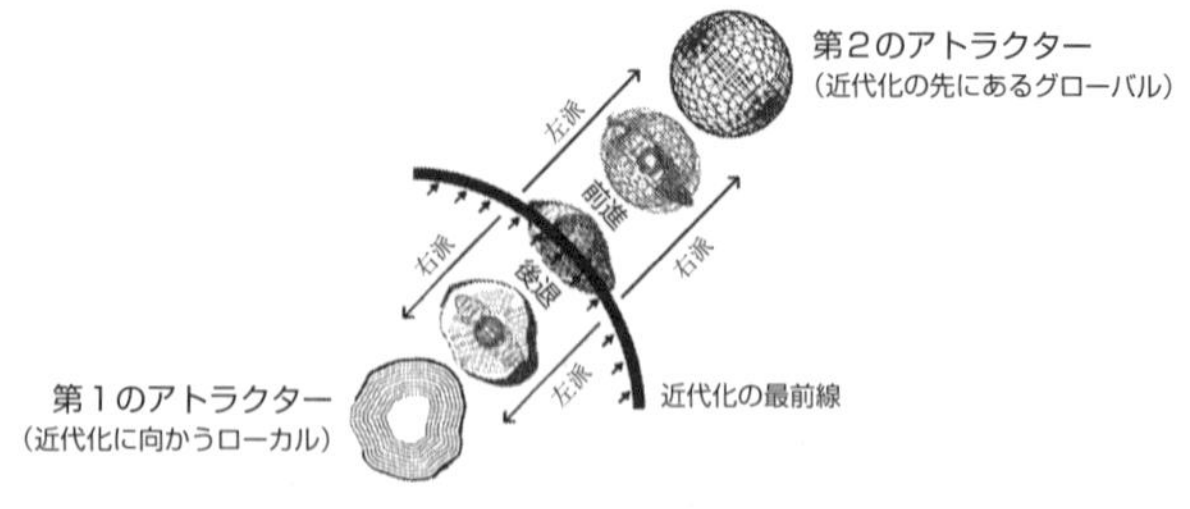

▲図1
近代人を位置づける標準的図式

議論されるトピックによって立場の**取り込み方**は様々だが、行き先はつねに**一方向**を向いている。グローバルとローカルの二極が生み出す引力の葛藤が方向を定めるからだ（繰り返すが、扱いやすさを考えて多少抽象化している）。

　にわかに話が複雑になってきた。図が理解の助けになるだろう。ここでは標準となる形式（図1）を描いたが、そこには二極——第一の極は「近代化に向かうローカル」、第二の極は「近代化の先にあるグローバル」——が位置づけられている。引力を働かす二極のうち前者を「第1のアトラクター（引力）」、後者を「第2のアトラクター（引力）」と名づけよう。二極のあいだには「近代化の最前線《フロント》」がある。この「最前線」が、「前進」した先にあるものと、「後退」して後に残るものとを明確に分けている。ベクトルに沿って投影された「右派／左派」関連の様々なあり方も見て取れる。もちろんやむを得ず簡略化して描いてある。

　また、図で示したグローバルとローカルの二極は依然、限定的であり、グローバルとローカルの可能なあり方のすべてを網羅しているわけではない。他のあり方については人類学がこれまで明らかにしてきた〔西洋世界以外のケース〕。ただそれらは近代人の目には映っていないから、この図式には取り込まない。少なくとも現段階ではそうしておく。定義からすると、近代人であるとはローカルとグローバルのあいだ、悠久の過去と未来のあいだに起きる葛藤を至るところで他者に投影することである。ただ言うまでもなく、ここでの「未来」は非近代人には何の関わりもない。[26]

〔完璧を期すためには、第2のアトラクターの先から延長線を無限に引き延ばさねばならないだろう。地球環境問題を逃れるために火星に移住する、コンピュータのなかに自身をテレポート〔遠隔移動〕させる、DNA・認知科学・ロボットを結合させて真正のポスト人類的存在になる、などの願望を抱く人々に居場所を提供するためである。[27] しかし、これら「ネオハイパー近代化」の極端な形は旧来のベクトルに沿った流れを超スピードで前進させることだから、以下の議論にとって重要ではない〕。

「プラスのグローバリゼーション」が「マイナスのグローバリゼーション」に変わるとき、座標システムに何が起こるのか〔後掲図2〕。グローバリゼーションは途方もない自明の力を発揮し、私たちを一つの極に引き寄せてきた。世界全体を一つの方向に引っ張ってきた。それが反対方向に働く力になり、私たちを押し戻す。私たちは困惑のうちにこう悟る——結局は限られた人間しか利益を得られなかったではないか。その不可避的反動として、ローカルが再び魅力を増してくる。

もっともこの時点でそれは先に描いたローカルとは別のものになっている。「マイナスのグローバリゼーション」に向かう血相を変えた逃走には、「マイナスのローカル」に向かう同じく血相を変えた逃走が応答している。マイナスのローカルが約束するのは伝統、保護、アイデンティティ、つまり国境あるいは民族自治の境界のなかでの確実性である。

そしてそこにドラマが生まれる。マイナスのグローバリゼーションと比べて仕立て直しの〔マイナスの〕ローカルなど、より説得的でも住みやすくもない。何といってもそれは回顧的発明、残り物のテリトリー、近代化が間違いなく後に残したもののさらなる残骸だからだ。カチンスキのポーランド〔カチンスキはポーランド大統領、在任二〇〇五‐一〇。愛国主義的な理念を掲げる保守派「法と正義」の党首、近代化と伝統とを合体させようとした〕、国民連合のフランス〔国民連合はフランスの政党。反EU、移民排斥を掲げる〕、北部同盟のイタリア〔北部同盟はイタリアの政党。ユーロ圏批判、反移民を掲げる、かつての地域政党〕、それにEU離脱《ブレグジット》で内に向かう英国、さらには結局ペテンでしかない「偉大な国家を取り戻す」トランプの米国、これらを見ればよい。これほど非現実的で、ドラマ仕立てのものは他にはなかろう。

もっとも第一の極〔ローカルの極、第1のアトラクター〕は第二の極〔グローバルの極、第2のアトラクター〕に劣らないほどの力で人々を引きつけていく。とくに、思わしくない状況が続き、グローバリゼーションの理想が遠退いているいまなら、なおさらである。

二つの極はとうとう大きく引き離された（図2）。「どちらに行くか逡巡する贅沢」を以前のように享受できなくなった。これが時事解説者のいう「政治的言説の粗暴化」という現象である。

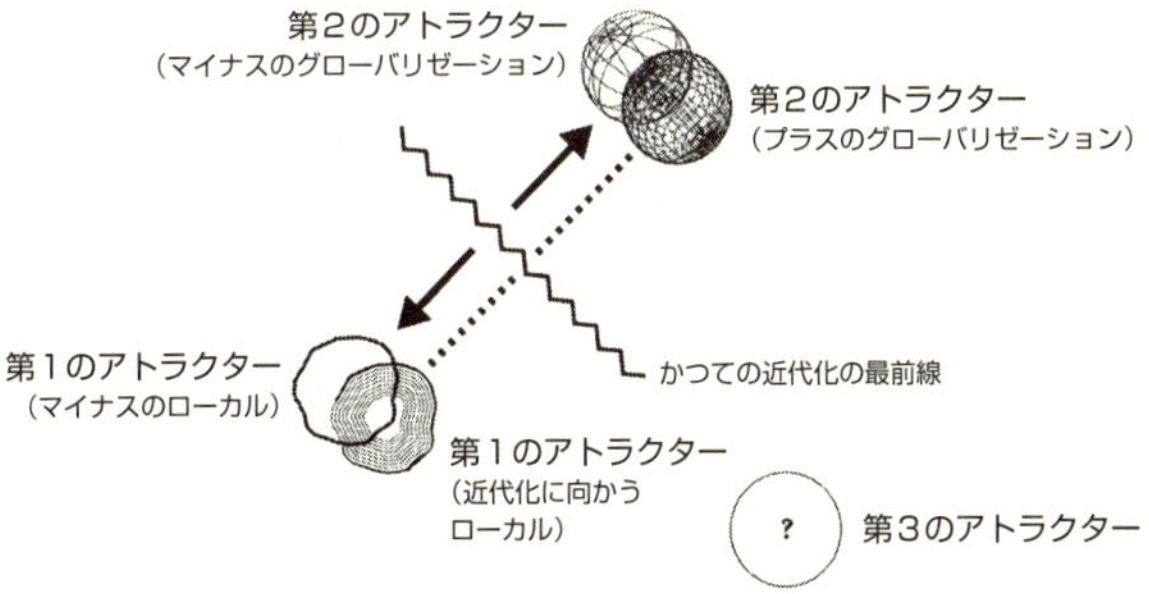

▲図2
近代人が常用する座標システムを第3のアトラクターの登場が打ち砕く

「かつての近代化の最前線《フロント》」が信頼性を取り戻すには、またそうした歴史の方向性を持続的に組織するには、何よりもまず近代化に参加する関係者すべてが同じような居場所を持たなければならない。あるいはたとえ異なる方向に引き寄せられていても、共通の地平線のようなものを少なくとも持たなければならない。

ところがいまや、過去への回帰の唱道者だけでなく、グローバリゼーション支持者までもが、できるだけ早くこの最前線《フロント》から逃げ出そうとしている。彼らはリアリズムの欠落をめぐって競い合う。バブルにはバブルを、ゲーテッドコミュニティにはゲーテッドコミュニティを対抗させる。

この時点から葛藤に代わって大きな裂け目が現れる。最前線に代わって、地球全体の近代化の是非をめぐる古い闘いの傷痕だけが見えてくる。いまや共有する地平もなく、誰が進歩していて誰が反動的になっているのかさえ見極めることができない[28]。

それは乗客を乗せた航空機のようなものだ。航空機はグローバルを目指して離陸する。ところが機内で機長がこうアナウンスする。「目的地の空港に着陸できなくなりました。引き返さなければなりません」。しばらくして機長は二度目のアナウンスをする。これに乗客は驚愕する。「ご搭乗の皆さん、機長より再度アナウンスいたします。緊急着陸を試みようとしていますが予定地であるローカルの滑走路は使用不可能のようです」。乗客は、航空機の窓に額を押しつけて、不時着できそうな場所を必死で探す。彼らの動揺はよくわかる。たとえ、クリント・イーストウッド監督の映画「Sully」（邦題「ハドソン川の奇跡」）に出てくるサリー機長〔二〇〇九年USエアウェイズの一五四九便の事故で、ハドソン川に胴体着陸を敢行し成功した機長〕の反射神経を頼りにできたとしても、動揺するだろう。[29]

実際に何が起きたというのか。何ものかがやって来て時間の矢を捻じ曲げたと言うしかない。予期しなかった古い力が現れて、最初に近代人の気を揉ませ、次に近代人のプロジェクトを妨害し、最後にはそれを蹴散らした。近代**世界**という表現が撞着語法*にでもなったようである。「近代」と呼んでもそんな世界はもはや私たちの足下には存在しないし、それを本当の世界と思ってもそれを実現することはもはやできない。私たちは歴史の連載物語の最終回にとうとう到達したのである。

＊「明るい闇」など、通常は互いに矛盾すると考えられる複数の表現を含む表現法。

突如として、すべての場所で同時に、**第三の極**〔第3のアトラクター〕が姿を現した（図2）。それはベクトルの脇方向に向きを定め、葛藤の原因となった対象のすべてを汲み上げ、自身のなかに吸収した。そのため、古い飛行経路に沿った方向づけのすべてが無効になった。

今日私たちが立っているのは歴史のこの地点、この節目である。いまや方位もわからない。古いものから新しいものへと至る軸、ローカルからグローバルへと至る軸に沿って様々な立場を配置することもできない。この「第3のアトラクター（引力）」に名を与え、位置を特定し、簡単な記述を与えることとさえまだできていない。

ただ政治の新たな方向づけは、脇に踏み出すこの一歩にすべてがかかっている。誰が助けとなり誰が裏切るのか、誰が友人となり誰が敵に回るのか、誰と同盟を組むべきで誰と闘うべきなのか。それをしっかりと見極めなければならない。その間に、私たちは、まだ地図に描かれていない方向を目指す。

古い標識の再利用を正当化するものなど何もない。「右派と左派」「自由化」「解放」「市場の力」、どれもそうだ。空間や時間を表してきた標識も同様である。「ローカル」に対して「グローバル」、「未来」に対して「過去」。どれもこれもこれまで自明に見えていたものだが、それが使えない。

新たな犠牲を払ってでも、それらすべてを地図上に配置し直さなければならない。何より間を措かずにそれを行うことだ。夢遊病者たちが前へ前へと無分別の疾走を続けている。やがて私たちが大切にしてきたものに激突するだろう。それを私たちは心配している。大事故が起きる前に配置し直さなければならない。

8

トランプ主義が発明されたおかげで、第4のアトラクター「この世界の外側へ」の存在を知ることができた

小著の冒頭で、米国のパリ（気候）協定離脱表明は世界が新たな政治状況に突き進み始めたことを意味すると述べた。そう主張したのは、今後向かうべき方向として私が提案するものと、米国が目指しているらしい方向とが**正反対**だからである。米国が目指そうとする方向を基準にすれば、それとの対照から「第3のアトラクター」の位置を定めることができる（図3）。

状況の明確度を自信をもって示すには、次の事態が起きていたら話はどう変わっていたかを想像すれば十分である。もし二〇一六年六月に英国のEU離脱《ブレグジット》キャンペーンが頓挫していたら、もし同年一一月に米民主党のヒラリー・クリントンが大統領選挙に勝利していたら、もしその翌年の六月にトランプ大統領がパリ協定の離脱を表明していなかったら…。さて一体どうなっていただろうか。私たちは依然、グローバリゼーションの利益と不利益を試算していたに違いない。「近代化の最前線《フロント》」が完全なままであるかのように振る舞っていただろう。幸いなことに（幸いなどといって差し支えないと

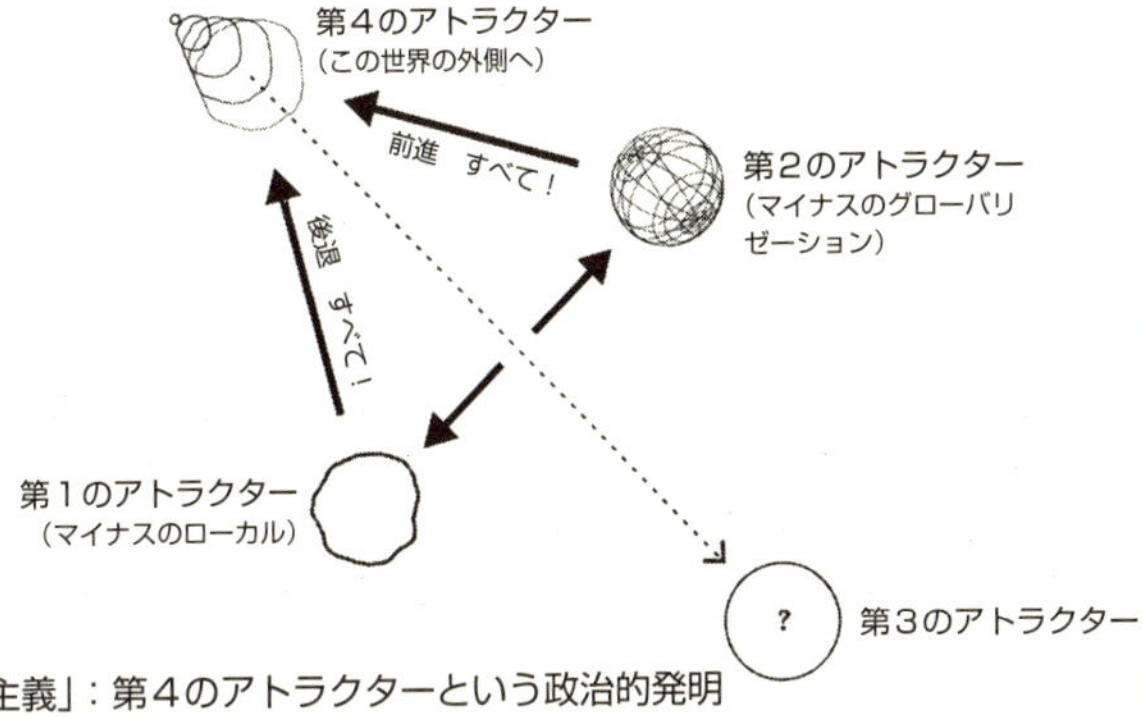

▲図3
「トランプ主義」：第4のアトラクターという政治的発明

してだが）、この間に起きた様々な出来事が、米国の目指す方向の魅力をいくらかでも減じてくれた。

「トランプ主義」は異例の政治的イノベーションである[30]。半端な扱いはできない。

トランプ支持者の抜け目ない作戦とは、要するに、気候変動を組織的に**否定**し、それを土台に過激な運動を展開することである。

トランプ大統領は「**第4のアトラクター**」を見出したようだ。このアトラクターに名前をつけるのは簡単だ。「**この世界の外側へ**」でいいだろう（図3）。地球（earth）の現実と手を切った人々が目指す地平だからである。ただし地球は彼らの行為に忠実に応答を返している。そのため気候変動否定論者は、今後の国民生活の進路を初めてはっきりと示すことになったのである。

「トランプ主義」を一つの症状として一九三〇年代の政治運動と対比させたなら、ファシストに対して公正を欠くだろうか。二つの運動の共通点はただ一つ、それが一つの発明品であるということだ。一九三〇年代当時、あらゆる政治感情が渦巻くなか、先が見えず、一時的とはいえ人々は羅針盤を失った状態に置かれていた。そこに登場したのがファシストである。彼らは旧来のベクトルに沿って、できる限り出来事を寄せ集め、組み立て、整理した。古来の文化的基盤に始まり近代化へと向かうあのベクトルである。彼らは、夢に思い描いた過去（ローマやゲルマニア）への復古と、革命的理想並びに工業的技術的近代化とを一体化させることに何とか成功した。全体主義国家の姿、戦時国家の姿を描き直し、他方で個の自律という考え方を排除したのである。

「トランプ主義」のイノベーションにこうしたファシストの図式はいっさい登場しない。国家の権威は失墜しているし、個人は王と化し、政府の政策優先事項は規制緩和という時間稼ぎ的なものになっている。米国が描く豊かな世界は地球大には広がらない――そのことに一般の人々が気づくまでのあいだ、時間稼ぎができればよい。

トランプ大統領のオリジナリティは、身振り一つで二つの動きを結びつけることである。一つは、最大利益の確保に向けて**突進しながら**世界のその他大勢を切り捨てる動き（億万長者が「一般人」の代表に担ぎ上げられている）、いま一つは、全国民を動かし、国民国家や民族という枠組みへの回帰に向かって**一目散に逃げ帰る**動き（「偉大な米国をもう一度作り上げよう」のスローガンのもと、国境に壁を築く）である。以前は、この二つの動き――グローバリゼーションへの「前進」と昔ながらの国家・国土への「後退」――は対立するものだった。トランプの支持者は、二つの動きが融合可能であるかのように振る舞う。ただ、二つの融合が可能になるのは、「近代化」と「地球（terrestrial）

の存在条件」〔第3のアトラクターへと向かうベクトル〕とのあいだに生じている矛盾を全面否定したときだけである。

気候科学懐疑論の隠された役割がここにある。それを理解しなければ懐疑論は意味不明だろう〔ビル・クリントン民主党政権時代〔一九九三－二〇〇一年〕までは、共和党と民主党が政治的エコロジーの諸問題について合意していたことを思い出そう〕[31]。なぜ否定論〔あるいは懐疑論〕が広がるのかがこれで理解できる。二つの動きを組み合わせるとはどんなことなのか、その現実的意味を誰もが見失っているのである。何といってもあのウォールストリート*が、何百万人ものいわゆる中間層を誘導して「過去の偉大な米国」へと向かおうというのだから間違いないだろう。第4のアトラクターに向かうこのプロジェクトの成功の鍵は、「新気候体制」に対する人々の絶対的無関心が少しでも長く維持できるかどうかにかかっている。その間に、外的な〔国家間の〕連帯と、内的な〔階層間の〕連帯を、ともに消滅させていけばよい。

*ニューヨーク・ウォールストリートの億万長者は米国中間層を取り込み、経済を牛耳ろうとしている。しかしそれは大いなる矛盾しかもたらさない。億万長者はグローバリゼーションから巨大な富を手に入れる一方で、中間層の方は凋落する。

「トランプ主義」によるこうした展開は、一方で大規模な政治活動を維持し、他方で地理政治的現実を無視する史上初めてのケースとなった。トランプを担ぎ出した勢力は、自分たちは地球環境の制約の外側にいると公言する。つまりそれは、タックスヘブン〔租税回避地〕あるいは文字通りの「域外」

である**オフショア**（優遇措置のある金融特区）にいるというのと同じだ。[32] こうした動きを支持するエリート層にとっては、この世界を自分たち以外の人々と共有しないで済むことが何より重要なのだ。彼らは地球（world）が以前のような共有世界には戻りえないことをよく心得ている。にもかかわらずこうした政治活動を、米国の理想やフロンティア精神を維持しながら行う。つまり非現実に向けて離陸するわけだ。第3のアトラクターからできる限り距離を置きたいといわんばかりの振る舞いである。第3のアトラクターは、すべての政治を悩ます亡霊だろう。しかし「トランプ主義」は明らかにその亡霊を見つけ出した。それがトランプ主義の強みである。

（「トランプ主義」という発明品が実際には一人の不動産開発業者（＝トランプ）によって生み出されたことは注目に値する。彼は常時、債務を負い、結局は失敗に終わる取引を次から次へと渡り歩いてきた。そしてテレビのリアリティ番組を通じて有名になった。それは非現実、現実逃避のもう一つの形である）。

過去を再発見できますよと、エリート層は「マイナスのローカル」へ向かう人々に約束する。同時に自分たちには巨額の利益を取り分けておく。利益はローカルへと向かう有権者の**大集団**から巻き上げている。約束にあたり、エリート層が自らの主張の裏づけを問われることはまずない！

トランプに投票した有権者の、「温暖化の事実を信じていないから」という言いわけに憤慨しても始まらない。彼らは愚鈍ではない。地理政治的状況全般を否定しなければならない側からすれば、温暖化の事実への有権者の無関心こそが切り札なのだ。「前進」と「後退」とのあいだの計り知れない矛盾に気づいたのなら、地球〔Earth〕に降り立つ準備を早々に始めるべきだろう。

この計り知れない矛盾した動きが、エコロジー問題に全面的に取り組む最初の政府を定義する。それはエコロジー問題に真正面から取り組むのではなく、あくまでも後向きで、問題の存在を否定、拒絶しようとする政府である。図3を見れば、この状況から抜け出す道を思い描くのはそう難しくはない。「第4のアトラクター」に向かうトランプの背中に自らの位置を置いて、これから向かうべき方向〔第3のアトラクター〕にまっすぐと点線ラインを引けばよいのだ！

もちろん、「一般の人々」はこの冒険のただなかで、次に来るものについて多くの幻想を抱くべきではない。トランプ自身が仕えている人々は一九八〇年代初めに動き始めたあの少数のエリート層であるが、彼らは、自分たちと他の九〇億の人々をシェアできるほど地球〔world〕は広くないことを知っている。だからこう叫んだ。「規制緩和だ。地中に残っている資源がまだあるなら急いで汲み上げよう。掘って掘って掘りまくろう。この変人〔＝トランプ〕に賭ければよい。最後には私たちが勝利する。私たちと私たちの子孫に三〇年か四〇年の猶予があればそれでよいのだ。大洪水はその後にやって来る。その頃にはどうせ私たちは死に絶えている」。

会計士なら、企業家が投資家から騙し取る手口についてよく知っているだろう。「トランプ主義」という発明品は「もっとも偉大な国家」米国に、そうした手口を使うよう一歩足を踏み出させた。トランプが国家のマドフ*と化したのである。

＊バーナード・ローレンス・マドフ。米国の実業家、元NASDAQ会長。史上最大級の巨額詐欺事件の犯人。

ただし、こうした事業の全体を説明するのに必要な、ある要素を見落としてはならない。現実認識を取り戻したとき**失うものがもっとも大きい**のも米国であり、トランプはその国の大統領であることだ。米国の物質インフラを一度に方向転換させるのはきわめて難しい。今日の気候状況に対する米国の責任は他の追随を許さないほど大きなものだ。もっとも忌々しいことに、その米国は科学、テクノロジー、組織力のすべてにおいて万全の力を持っている――その力があるなら、第3のアトラクターに向けて「自由世界」に舵を切らせることはいとも容易なはずなのに。

トランプを担ぎ出した大統領選挙は、世界に、一体的な目標に向けて進む政治の終焉を告げたといえる。[33]「トランプ主義」の政治は、「ポスト真実」ではなく「ポスト政治」である。政治は文字通り**物理的対象を失っている**。自らが「居住している」と主張する世界そのものを拒絶するからだ。

米国の選択は狂気だが理解できないわけではない。米国には行方に立ちはだかる障害物が見えている。馬は騎手を乗せてフェンスに向かって突き進むが、ジャンプは拒んでいる。そんな状態なのだ。米国は「前進」するのを単純に拒否している。少なくともしばらくのあいだは。

それが実状なら、誰にでも正気を取り戻すチャンスはある。だから期待をつなぐことができる。気候変動の脅威だけでは無関心と勝手放題の壁は崩せなかった。しかしいまなら打ち壊せるかもしれない。ただこれに失敗すれば、人類事業の結末は死闘の大洪水になるだろう。選ばれた専門家に予測してもらうまでもない。ファシズムに並ぶものは今日の事態を措いて他にない。マルクスの金言に反して歴史は悲劇から笑劇へと単純には向かわない。悲劇的な笑劇のなかで歴史が繰り返される可能性がある。

9

私たちがテレストリアルと呼ぶアトラクターを見出したことは、新たな地理政治的組織を確認することにつながった

「第3のアトラクターの確かな兆候などない。第3のアトラクターはそこに向かいたがらない人々が提供する第4のアトラクターと変わらない」――そう主張するのはバカげたことだ。私たち近代人は、これまで自分たちの行為の一般原則についてまったく理解してこなかった。自分たちの歴史の総体的方向さえわかっていない。近代化プロジェクトとは真空のなかを浮遊しているようなものだ。これがわかるのに何と二〇世紀の終わりまでかかった。厳密にいえば、それでもまだ、私たちは私たちが直面する状況について十分に描けているわけではない。そうではないか。これまで目標としてきたグローバル（プラスのグローバルもマイナスのグローバルも）は私たちを無限のグローバリゼーションに融合させる地平だと言われてきた（その一方で、見るからに逃れられない運命から何とか逃れようとする場所を、その反動としてどんどん増やしてきた）。ところが実際には、この地平はかつていかなる現実にも、またいかなる堅固な物質性にも、基盤を置いたことがないのである。

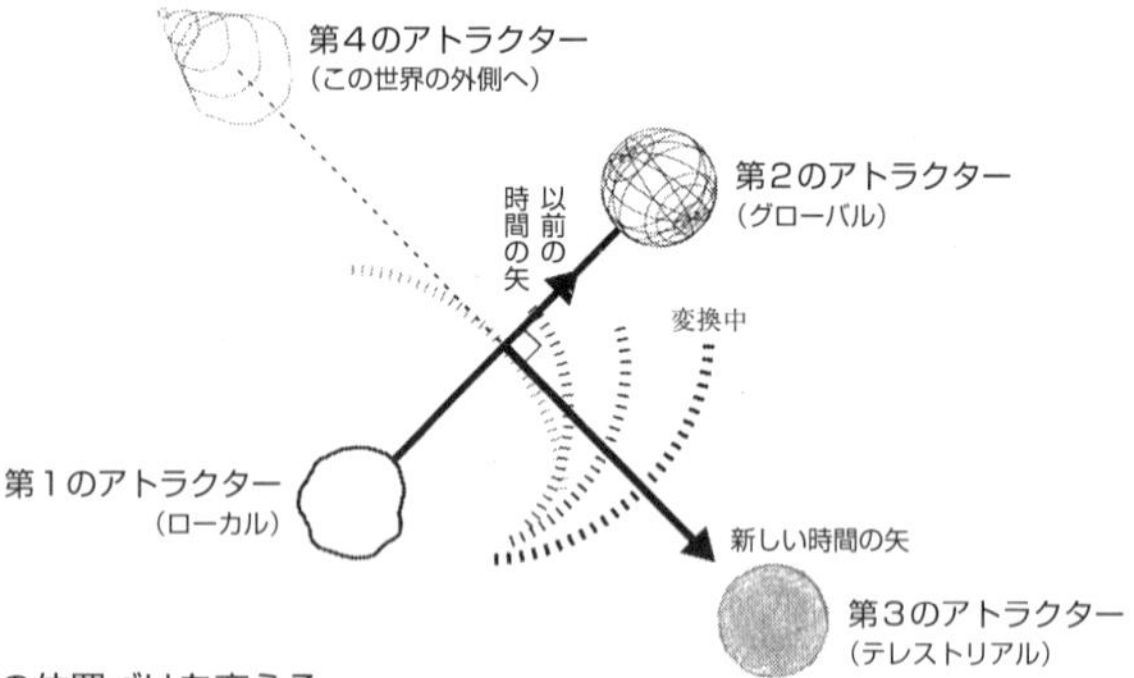

▲図4
政治の場の位置づけを変える

政治が戦慄すべき姿を現す——政治はその物理的内容を失っている。政治はまったく何とも関わっていない。文字通り、威力もなければ感受性もない。グローバルもローカルも、ともに持続的な物理的存在を欠いている——この隠された現実を少しずつ暴いていくことしか、いまの政治の存在理由はない。結果的に、先に挙げた最初のベクトル（図1）——「後退」と「前進」の二つの動きをそのベクトルに沿って位置づけている直線——は、始点も終点もない高速道路と化している。

それでも事態は徐々に明らかになる。始点も終点もなくなった理由は、近代化を拒絶するか受容するかを決められずに彷徨っているからではない。そうではなく、既存のベクトルから脇へと九〇度向き直り、その辺りで**古いベクトルか新しいベクトルかと位置探しをしている**からだ。時間の矢はいまや二つの矢となって私たちを連れ出し、かつての方向（「以前の時間の矢」）を離れ、新たな方向（「新しい時間の矢」）へと向かわせようとしている（図4）。目下の関心は、この「第3のアトラクター」の中身を形づくることだ。グローバルと

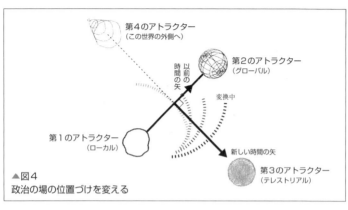

ローカルという、他の二つのアトラクターよりも強い**引力**をこの第3のアトラクターに持たせるにはどうすればよいのか。なぜ多くの人々がこの第3のアトラクターに反発を感じるのか。

最初の課題はこの第3のアトラクターに名前をつけることだろう。他の二つのアトラクターと混同しない名前を考えなければならない。「地球」（Earth）？　あるいは有名な「ブループラネット」（青い惑星）？　いずれも宇宙から見た惑星地球を思い出させるからだめだろう。「ネイチャー」（自然）？　それでは茫漠すぎる。「ガイア」*はどうだろう？　適切かもしれないが、そうなるとそれを使う理由を何ページにもわたって記述しなければならない。[34]「ランド」（土地）ならどうだろうか？　曖昧だろう。「ワールド」（世界）もある？　もちろんそういうことなのだが、グローバリゼーションの古い形と混同される恐れがある。

*巨大な生態系としての地球、地下・地表・地上を含めたおよそ数キロメートルの薄い膜状の地球生命圏をいう語。クリティカルゾーン（本書一二二頁参照）。

このエージェント（行為能力（事象を引き起こす能力）を発揮する存在）の規格外れの独創性（規格外れの持続性）を表す言葉がどうしても必要だ。大文字で始まる「テレストリアル」*（Terrestrial：大地、地上的存在、地球）という名前を与えよう。大文字にするのはそれが一つの概念であることを示すためであり、また私たちの向かう方向を先回りして示すためである——それは新しい**政治的アクター**（政治的な作用を及ぼしうる存在）としてのテレストリアルである。

＊大地に根ざすあらゆる地上の存在、およびその総称としての地球を意味し、本書ではプラネット・アース（惑星地球）やグローブ（球型の地球）、ワールド（人間活動空間としての地球）の対比語として用いられる。

私たちが直面する破壊的事態の全貌を把握し、消化していかなくてはならない。破壊的事態は実はテレストリアルの行為力に関わっている。テレストリアルは、人間行為を引き起こさせる環境でもその背景でもない。地理政治について話すとき、人々は一般的に、「地理」という接頭語を政治行為の単なる**枠組み**と捉えるだろう。ところが、これまでに起きた変化を見ると、「地理」がエージェントと化し社会生活の隅々にまで参加しているのである。

今日、私たちが陥っている方向感覚の喪失状態は、どう見ても、応答を返してくる人間以外のアクターの登場によって起きている。人間以外のアクターは今後も人間行為に応答し続けるだろう。近代化に向かう人々はいま見当識を失った状態にある――**いまどこにいるのか、いまどの時代なのか**、とくに自分たちが**今後どのような役割を果たすべきなのか**が、まったくわからないのである。

地理政治の戦略家は自分たちが「現実学派」に属していると自負する。しかし彼らが向き合っていると主張する**現実**は変更しなければならないだろう。以前は次のように言えた――私たち人間は「地球上（on earth）に居る」あるいは「自然のなかに居る」、私たちは「近代という時代」に入った、私たち「人間」は自分たちの行為にいくばくかの「責任がある」。さらにこう言えた――「自然」地理学と「人文」地理学は区別することができる、それは二つの層をなし、一つがもう一つに覆いかぶさっている、と。ところがいまや、私たちが「乗っていた」場所あるいは「なかに入っていた」場所が私たちの行為に応答してくる。となれば、自分がいまどこにいるのか、その場所を特定することなどどうしてできるのか。そうした場所は私たちに敵対し、私たちを包囲し、私たちを支配し、私たちに何かを要求し、それ自体の進路に私たちを引きずり込む。こんな状態で今後、自然地理学と人文地理学をどのように区別していけばよいのか。

地球（earth）が安定状態にあるうちは**空間**について語ることができた。空間のなかに私たちは存在し、テリトリーの一部に対し所有権を主張できると言えた。ところがテリトリー自体が歴史に参加するようになったら、ましてやテリトリー自体が反撃し私たちに関わるようになったらどうなるのか。どのように行動すればよいのか。所有しようとする土地があなたを所有しているとすれば、その土地をどのように所有すればよいのか。「私はこのテリトリーに属しています」という表現も意味が変わってくる。テリトリーはいまや所有主を所有するエージェンシー〔行為能力、事象を引き起こす能力〕を意味する。

テレストリアルが人間行為の枠組みではないとすれば、それはテレストリアルが人間行為に**参加**するからだろう。空間はもはや、地理製作者にとっての空間、緯度と経度の格子を持つ空間ではない。空間は荒れ狂う歴史となる。私たちはその他多くの参加者の一人であり、他者の反応に反応を返す。それは**地理歴史**の密集地帯に着陸したようなものである。[35]

以前、グローバルに向かうとは、遙か無限の地平を目指してひたすら突き進み、果てしない最前線《フロンティア》をさらに外側に押し広げることだった。逆に、もう一方のローカルに向かうときは、安定した境界《フロンティア》と確かなアイデンティティが保証する古《いにしえ》の安穏を取り戻すという希望があった。今日ではどの時代に自分がいるのかさえ知るのが難しい。理由は、第3のアトラクターがたちどころに知れ渡ったとはいえ、それが従来のベクトルとは完全に異質だからである。テレストリアルはたしかに新世界である。しかしそれは、近代人が「発見」して早々に離脱を始めた世界とは似て非なるものだ。独特のサハリヘルメットをかぶった探検家のいう**未知の未開拓地**でもなければ、所有者の登場を待つ**無主物**《レスヌリウス》でもないのだ。

かつて近代人は地球（earth）、土地、国、居留地――それらを何と呼ぼうと――に移住したが、理想とは裏腹に、そこはすでに保有されていた土地、先住民族が太古から居住していた土地だった。最近そこに**大人数の集団がやって来て再び占拠を始めた**。[36] この集団こそ、他の人々に先んじて近代化指令から大慌てで逃げ出す必要を感じ取った人々である。いま世界では彼らエリート層を含め、近代人のすべてがある種の国外追放に見舞われている。いまや近代人は、かつて彼らによって時代遅れ、伝統主義、反動主義、あるいは単純に「ローカル」というレッテルを貼られた人々と同居する術を学ばなければならなくなっている。[37]

その空間がいかに古びて見えても、いまやそれは、すべての人々にとって新規のものである。気候の専門家の報告によれば、どう見ても現在の状況は人類がかつて**経験したことのないもの**である。これこそ「邪悪な普遍性」だ。「地球」（earth）が不足している状態が世界中に起きているのである。

地質学者によれば、いわゆる文明——過去一億年を超えて獲得してきた慣習——は、比較的安定した時代の地理的空間に出現している。完新世（地質学者はそう呼ぶ〔現代までの一万年間を表す地質年代〕）は「枠組み」という特徴のすべてを持ち備えている。その枠組みから人間活動だけを独立して取り出すことが容易にできる。観劇中の観客は、劇場の建物、舞台の袖に気を遣う必要がなく劇に集中できる。それと同じだ。

しかし「人新世《アンスロポセン》」ではそうはいかない。人新世とは、一部の専門家が現在の地球（earth）に与えようとしている地質年代のラベルだ（命名には依然異論があるが[38]）。そこでは気候のマイナーな変動ではなく、地球システムを巻き込む大激変を問題にしている[39]。

当然だが、人間はつねに環境を作り変えてきた。そこでいう環境とは人間の周りの環境で、人間を「取り巻く」ものだ。つまり人間は主役のままで、周辺部分の舞台装飾だけを変更してきた。

ところが今日、装飾部分、舞台の袖、背景、ビル全体が舞台の中央に躍り出てきて人間と主役の座を競う。脚本のすべて、エンディングさえ書き換える。いまや人間が唯一の役者《アクター》ではないのである。もっとも、現実とかけ離れているとはいえ、人間自身は依然、重要な役割を担っていると思っている[40]。

もはや懐かしい昔話を自分自身に語ることはできない。すべての前線を制するのはいまやサスペンスとなったのである〔地球が反発するので、つねにはらはらした状況が続くことを指す〕。

私たちは昔に帰り、昔の生活方法を学び直すのか。あるいは往古の知恵を見直すのか。はたまた、まだ近代化していない数少ない文化から学ぶのか。もちろんいずれもそうだろう。しかし幻想を抱いて安心してはならない。近代化していない文化にとっても、今後これまで経験したことのない事態が訪れるのである。

地球システムは八〇億、九〇億になる人類の活動にどのように反発してくるのか。この地球の反発に人類は対処しなければならない。これまでいかなる社会集団もそのような課題に見舞われたことはない。たとえ想像を超えるほどの聡明さ、敏感さ、慎重さ、用心深さを持つ社会集団が現れたとしてもそれは難問だろう。人類一万年史のなかで蓄積された知恵から私たちが何かを再発見できたとしても、比較的安定した環境に住む数百、数千、多くて数百万の人々を助けるのがやっとだろう。

状況がいかに未曾有なものなのか。それを私たちが正しく評価できていないとすれば、それは現代政治の真空状態について私たちが恐ろしく無知だからだろう。

逃走を決め込んだ人々の反応ならまだ理解しやすい。彼らは普遍的近代化の地平に向けて自分たちだけでもスムーズに前進しようとしている。そうした状態にあるなら、第3のアトラクターに向けた自発的な方向転換など誰が同意できるというのか。

彼らの反応を継続的に監視すべきだ。それを考えることは、エドガー・アラン・ポーの短編小説『メールストロムの旋渦』[41*]のヒーローにわが身を置き換えてみることに等しい。渦に巻き込まれ溺死する犠牲者が周囲に多数いる状況のなかで、主人公であるロフォテン諸島〔ノルウェー北西沖のノルウェー海にある群島〕の猟師は唯一の生き残りとなった。何が他の者と違っていたのか。彼はこの危機的状況にあって、渦のなかをぐるぐる回転する船の破片や瓦礫の一つひとつを、冷徹な眼で見守り続けた。その観察力が生死を分けた。渦の底に船が引き込まれそうになったとき、猟師はカラの樽に自分の体を縛りつけた。それが彼を救ったのである。

＊一八四一年発表。『メエルシュトレエムに呑まれて』。巨大な渦巻に巻き込まれた猟師の脱出話。猟師は渦のなかの様子を観察し続け、容積の大きいもの、弾状のものは早く渦の中心に沈んでいくのに対して、円柱状のものは呑み込まれるまでに時間がかかることに気づく。彼は円筒状の樽に自分の体を縛りつけ、渦が消失するまで持ちこたえることができた。

誰もがこの年老いた猟師のように明敏でなければならない。生きて帰れると信じ、瓦礫や船の破片が渦に呑み込まれていく様子を注視し続けなければならない。鋭い観察力こそがひらめきを生む。瓦礫のうち多くは渦の底に引き込まれていくが、いくつかは沈まない。その違いは何なのか。瓦礫の形である。樽が救命具になる——彼はとっさにそう思った。「樽と引き換えに王国をやるぞ」＊——まさにそうした状況だった。

＊シェークスピアの『リチャード三世』の史劇のなかでリチャード三世が放つ名台詞、「馬と引き換えに王国をやるぞ」からくる。戦場で自分の馬を殺された王リチャード三世が、襲い来る敵と戦いながら何時間も新たな馬を探しまわった。

10 なぜ政治的エコロジーの成功は、賭金に見合う成功に一度たりとも結びつかなかったのか

掛け値なしに注目に値するものがあるとすれば、それは近代世界におけるエコロジーの状況だろう。エコロジーの領域は古くから存在するが、同時に悲劇的なほど新しい。いわゆる「エコロジー運動」は、人々がやがて着地しなければならないテレストリアル（大地、地上的存在、地球）を、すでに網羅的に――すべての方向にすべての意味で――踏査してきた。やがて「緑の党」と呼ばれることになるこの運動は、エコロジーを社会生活の新しい軸に据えようと奮闘し続けてきた。産業革命の草創期以来、とくに第二次大戦後から、「第3のアトラクター」を見据え続けてきた。

近代人が見る時間の矢は、すべてをグローバリゼーションへと向かわせる。一方、政治的エコロジーは、あらゆるものを第3のアトラクターへと引っ張っていく。

公平を期すために次のことは認めるべきだろう。政治的エコロジーはすべてのテーマに活発な論争を呼び込んだ――それは牛肉から気候変動にまで及ぶ。防御策、湿地帯、トウモロコシ、農薬、ディ

ーゼル油、都市計画、そして空港などがその具体例だ。政治的エコロジーは、どの物理的対象にもそれ自体の「エコロジー的側面」があることを示したのである。

実際、政治的エコロジーのおかげで、どの開発計画にも抗議運動が起き、どの提案にも対立案が提起された。今日、論争をもっとも引き起こしがちな政治的アクターといえばエコロジーの闘士たちだろう。[42] 論争を引き起こすとは、人を騙さない性質の証である。そしてもちろん、気候変動否定論者の方は気候に関する事実の否定に徹底的に力を注いでいる。

政治的エコロジーは、これまで**社会生活の通常の懸案でなかった対象**を、自らの「粉砕機」に放り込んで政治問題化させることに成功してきた。また、社会とは何かという問いをめぐる過度な制限的定義から政治を救うこともできた。つまり、公共領域で注目されるべき問題の内容を一変させたのである。

近代化かエコロジー化か。たしかにそれは重大な選択である。誰もがそれを認める。それでもなおエコロジーは行き詰る。このことについてもまた、誰もが認める。

世界中どこへ行っても、緑の党は周辺勢力としての立ち位置を抜け出すことができないでいる。何を足場にして前に進むのか、どうすればよいのか、彼らはわかっていない。人々に働きかける際、緑の党が「自然」の問題を取り上げると、古典的政党は人権擁護を盾に対抗する。緑の党が「社会問題」を取り上げると、古典的政党は「それが君たちに何の関係があるのか」と食ってかかるのである。

ただ、緑の闘士たちによる五〇年の歴史があったおかげで、右のような二、三の不甲斐ない例外を除き、人々は次の三つの項目、すなわち経済とエコロジーの項目、開発の要求と自然の要求の項目、社会的不公正の問題と生物界の活動の項目について、それぞれの対峙関係を捉えることができるようになった。

エコロジー運動に対して公平を期すため、エコロジー運動と第1、第2、第3のアトラクターとの関係を位置づけておこう。さもないと彼らの一時的な挫折の理由が理解できずに終ってしまう。診断はいたって簡単だ。エコロジストはこれまで右派にも左派にもなろうとしなかったし、時代遅れ的でも進歩的でもなかった。ただし、近代人が作り出した時間の矢という陥穽から抜け出すことはできなかった。

小著が作成した大雑把な図（図5）を使えば、そこに示された三角形の背後にある難題が見えてくる。これからその難題について探っていこう（この後、「自然」概念そのものが状況を凍結させてしまう理由が明らかになる）。まず右派／左派という分類を乗り超える方法は少なくとも二つあることを知る必要がある。一つは、以前のベクトルに沿った二極（第1のアトラクター（ローカル）と第2のアトラクター（グローバル））の**中点**に自分を位置づけることによって（図5の「1-2　旧来ベクトル」の中点）、もう一つは、ベクトルを定義し直し、「第3のアトラクター」（テレストリアル）に自身を結びつけることによってである。後者の場合、右派／左派の領域は二つの新しいベクトルの、それぞれの中点に配置し直さなければならなくなる（図5の「1-3　新しいベクトル」と「2-3　新しいベクトル」の中点）。

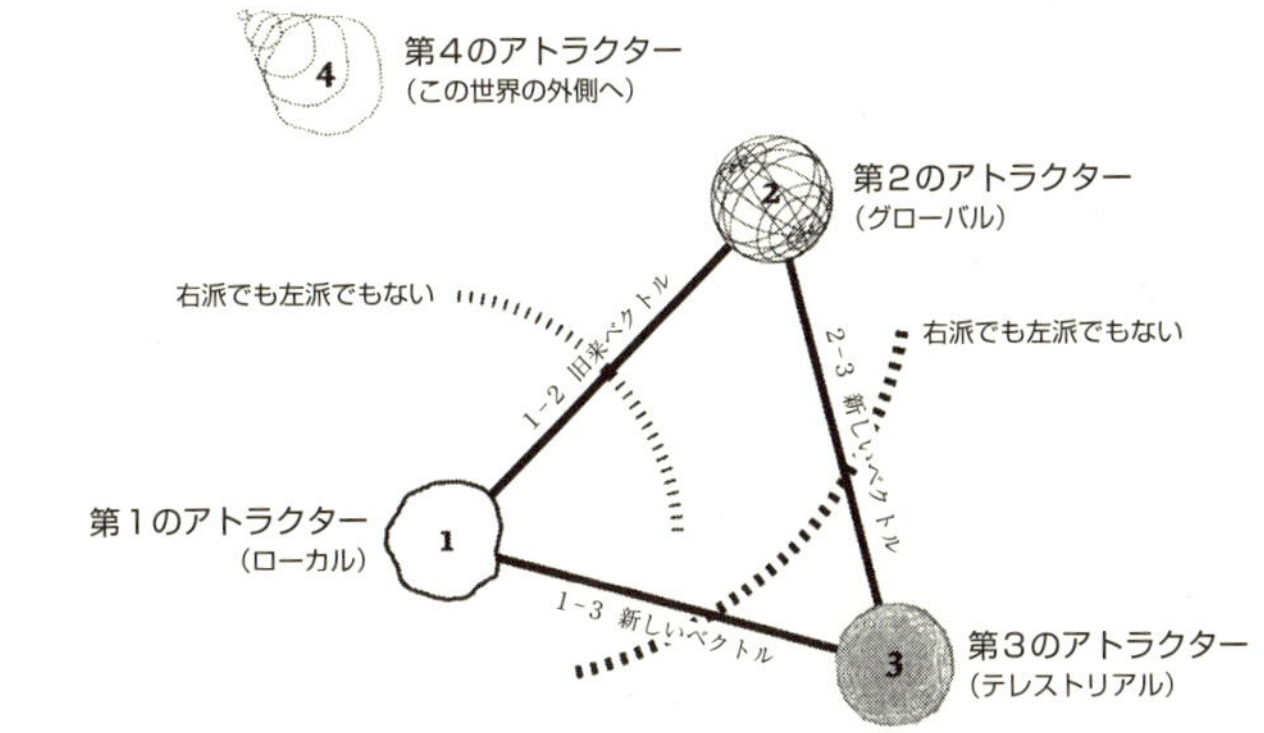

▲図5
「右派でも左派でもない」というスローガンを位置づける二つの道

これまで多くの政党、運動組織、利益集団が「第三の道」を見出したと宣言してきた。第三の道はリベラリズムとローカリズムのあいだ、開かれた国境と閉じられた国境のあいだ、文化的解放と市場経済のあいだに位置する。[43]ただ、どの試みも失敗に終わっている。新たな座標システムを描き出すことができなかったからだ。以前の座標軸は人々の能力を端から奪うものだった。

もし問題が「右派／左派の分類からの脱却」だけであるなら、物事の識別能力、バランスを取る能力、分別能力を多少鈍らせて、「旧来ベクトル」の**中点**に自分を位置づけるだけで済むだろう——そう言いたくなるが問題はそんなに簡単ではない。後述するように、右派／左派の段階的分類（一番左、左、中央、右、一番右）そのものに疑問を投げかけただけで、いつもの激情が喚起される。それを考えれば、「右派でも左派でもないこと」を、ベクトルの中点の湿地帯、柔らかい腹部と混同しないことだ。

後者の場合、話はまったく異なる。図5に描かれた三角形を見ればわかるが、**近代化の最前線《フロント》の弧**〔1-2ベクトルの中点を横切る弧〕**を少し傾け**〔1-3ベクトルと2-3ベクトルの中点を横切る弧への移動〕、右派／左派の分類の大本になった論争の**中身**の右派／左派構成要素に〔新しいベクトルに合わせた〕変更を加えればよい。大本の分類に続く右派／左派分類例にも同じ操作をする。いまや右派／左派分類例は山のようにあり互いに絡み合っているから、それを右／左のラベルとして使っても、旧来の座標システムのもとで発揮していた編成力はもはやあまり残っていないようだ。

おかしなことに、人々は右派／左派のベクトルを新しく作り直すことなどまったく不可能だと主張する。実際、大理石の記念碑には旧来の分類がしっかりと刻まれているし、何よりすべての人民の心に——少なくともこの二世紀間のフランス人民の心に——それは刻まれている。人々はそうした分類が陳腐化していることを知ってはいる。それでも事態は変わらない。代わりになるベクトルがないため、昔ながらの分類をただ使い続けているのである。もっとも、この分類は何度も執拗に使われてきたので、徐々に適切さを失ってきている。まるで電動の丸鋸で広大な空間を切り開くような状態になっている。

11
なぜ政治的エコロジーは、右派／左派の二分法から逃れることがそれほど難しかったのか

右派／左派の**心理的半円**を配置し直す方法はきっとあるはずだ。玩具の兵隊よろしく、一番左、左、中央、右、一番右と横列に並ぶ。この形態はフランスでは一七八九年の革命時に誕生したものだ。当時、議会で、当選した公職者たちが議長席を前にこの順序で左から右へと並んで座る習慣を作ったのである。国王による拒否権発動の案件を含め、不明瞭な案件がいくつも議題となり議決が取られた。いまも右派／左派の段階的分類は、どんなに初歩的で条件つきのものであっても依然すべての世論調査、政治的声明等において使われている。選挙にも歴史的物語にも使われている。人々の理屈抜きの感情反応を支配するのも、この分類である。「右」と「左」、「保守主義」と「リベラリズム」という用語には計り知れない重みが与えられている。次のような判断には並々ならぬ感情が隠れている。「しかしあいつは極右だろう」「彼女には気をつけた方がいい。なにしろ極左の人間だから」。

わずかのあいだでもそうした感情のこもった用語なしでやっていくのは容易なことではない。社会

的行為はつねに何らかの認識可能な目標に向けられなくてはならない——そう思われてきたのだ。しかし、「前進＝進歩的」という言葉に対する抵抗がどれほど強くなっても、「後退」の呼び声が動員役を務めることにはならない。たとえ「進歩に終焉が訪れ」ても、両親よりも生活が悪くなる見込みや、資源利用を漸減させる学習プロジェクトというものは、群衆を奮い立たせるものにはならないのである。[44]

新たな方向へ向けた政治の採用が目標なら、過去の確執と未来の葛藤とをうまくつなぐために、二つの用語を対立させる図式以上の複雑な図式は使わないことだ。これまでより複雑ではない図式、ただし、方向性の異なる図式が必要だろう。

図5の三角形を見ると、ベクトルの原則は維持できることがわかる。ベクトルを使えば、これまでのように「反動主義」と「進歩主義」を区別することはできるからだ（反動主義／進歩主義のラベルを残したいのなら）。ただし、この場合、守るべき理念の中身は変えなければならない。

コンパスは所詮、磁化した針と磁石にすぎない。新たな図式を導くには、針が描き出す**角度**と物質の**構成要素**の両方を見出す必要があるだろう。

図6（後掲）の仮説では、針が九〇度回転して強力なアトラクター（第3のアトラクター（テレストリアル））に向かうことになっている。この新しいアトラクターが備える独創性は私たちに衝撃を与える。近代の夜明け以来、政治はつねに残りの二つのアトラクターのあいだのどこかに位置づけられてきた。新しいアトラクターは二つのアトラクターと見た目はさほど変わらないが、まったく異なる特徴を持

つ。

そこで以下の問いを投げかけよう——社会生活の方向性だけ変えて、社会生活を維持するのに適切な対立の原則を維持することは可能か。

自身を第3のアトラクターに向けて定位することで、右派／左派という分類のもとでの構成要素を、別の形で分類し直すことができるだろう。これは、もうすぐ終焉を迎える近代という時代を通じて右派／左派の分類が取り込み、整理し、維持してきた構成要素を、再分類する試みである。

テレストリアル（大地、地上的存在、地球）という第3のアトラクターの導入によって一つの切れ目が生じた。そのおかげで、近代の構成要素の包みを開け、中身を取り出し、一つひとつを吟味する必要性が出てきた。近代を形づくってきた個々の構成要素にはこれまで何が期待されてきたのか。吟味していくうちに私たちはその構成要素の一つひとつを、「運動」「前進」あるいは「進歩」とさえ呼ぶことを学ぶだろう。またそれとは反対向きのものを、「後退」「破棄」「裏切り」あるいは「反動」と呼ぶ権利を獲得するかもしれない。

こうした作業はおそらく政治ゲームを複雑化させる。しかし同時に、思いがけない余白をもたらし巧みな戦術を生み出すかもしれない。

テレストリアルのアトラクターに至るには、グローバルに到達するという不可能な夢、いまは放棄された夢から歩み始めてもよいし（図6では2－3のベクトルに沿って）、ローカルに戻る場合に目指した地平線、相変わらず遙か遠い地平線から歩み始めてもよいだろう（図6では1－3のベクトルに沿っ

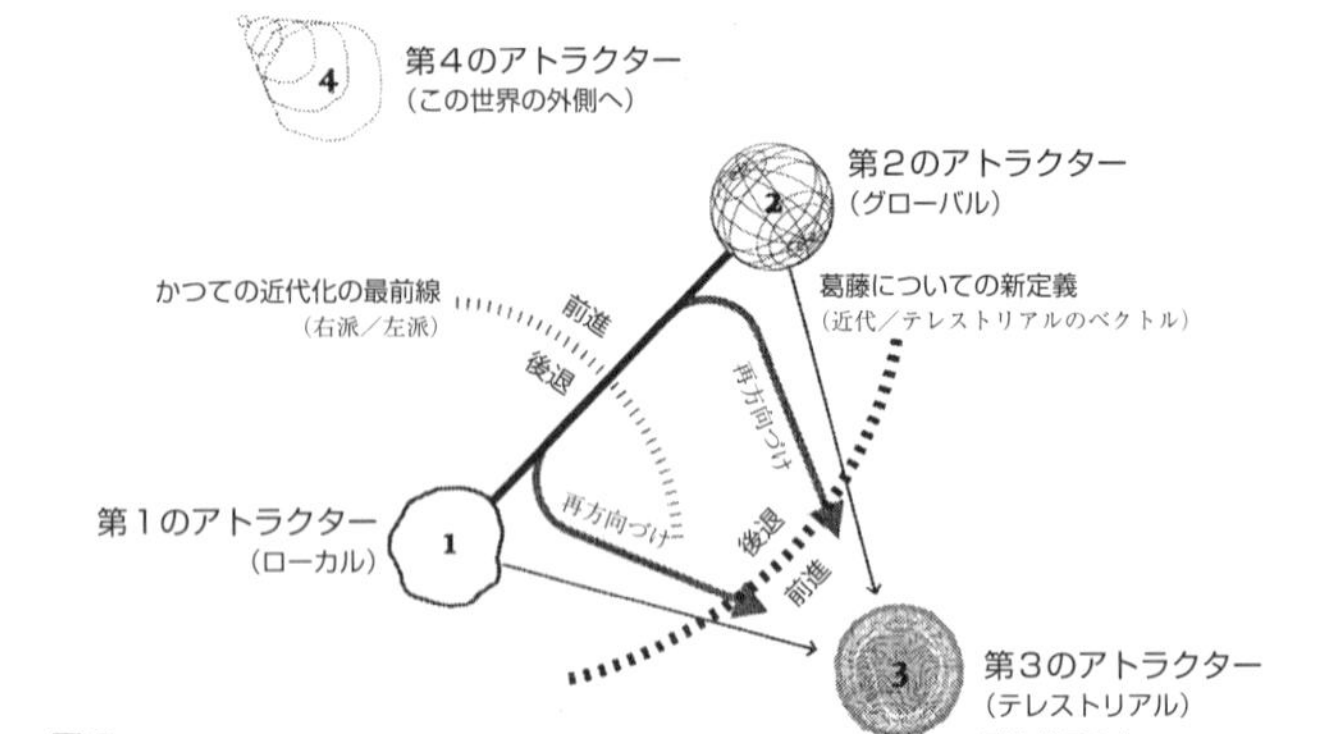

▲図6
新たな同盟者グループ

て)。

図6に表れたこの二つの角度は、今後通過しなければならないデリケートな**交渉**を描いている。グローバルへと逃走を続ける人々の意識とローカルに保護を求め続ける人々の意識を、この新たな第3のアトラクターに向けて「**再方向づけ**」する。新たなアトラクターに**興味を持ち**その重みを感じてもらう。そのために必要な交渉だ。[45]

新たな政治——依然としてひどく抽象的だが——を定義したければ、この交渉に焦点を当てなければならない。そこでの同盟者は、かつての段階的分類から見て明らかに「反動的」と分類される人々のなかから探さなければならない。もちろん、明らかに「進歩的」と分類される人々、そして「リベラル」「ネオリベラル」と分類される人々とも、おそらく友好的関係を築いていかなければならない。

どのような奇跡をもってすれば、方向転換を成し遂げられるのだろうか。これまではどの試みも（「右派／左派の分類からの脱却」も「その分類の乗り超え」も「第三の道の発見」も）失敗に終わっている。

実は、失敗を招く単純な理由がある。それは、方向づけの概念に結びついている。見た目とは違い、政治の要は**政治意識**ではなく、**地球**（world）の形と重さなのである。政治意識の機能はそれに**反応することだ**。

政治は対象、賭金、状況、物理的実体、身体、風景、場所につねに向けられている。いわゆる守るべき価値とはつねに、あるテリトリーが抱える課題への反応である。そしてその課題を各テリトリーが記述できること、これが条件である。[46]これこそ政治的エコロジーが発見した確たる事実である。つまり、対象に適応させた（object-oriented）政治ということだ。[47]そのため、テリトリーが変われば政治意識も変わる。

コンパスの針は激しく揺れ始め、すべての方向を指し示しながら回る。それが落ち着くことがあるとすれば、磁気を持つ物質が影響を及ぼしたからだろう。

現在の状況で唯一、安堵をもたらすのは、もう一つの「新しいベクトル」が徐々に現実味を増していることだ。右派／左派の二分法に代わって「近代／テレストリアル」のベクトル（図6）が信頼度を上げ、これまで以上に知覚可能、実感可能になっている。ただ右派／左派の二分法は依然、切れ味を失っていない。

このベクトルにおいて新たな敵対者と呼ぶべき人々とは誰なのか。彼らを要領よく見分けることはそれほど難しくない。第1のアトラクター（ローカル）と第2のアトラクター（グローバル）に依然注目する人々、とくに第4のアトラクター（この世界の外側へ）に注目する人々が敵対者となる。問題になるのはこの三つのユートピア、すなわち「ローカル」「グローバル」そして「この世界の外側へ」なのだ。それらはユートピアの語源が含意する**トポス**（ギリシャ語で「場所」を指す）を持たない。つまり地球（earth）という場所、土地という場所を持たない。とはいえ敵対者は同時に**唯一の同盟者候補**でもある。したがって、説得し転向させるべき相手である。

何より優先すべきは、見捨てられたと感じている人々に語りかける方法を見出すことだ。彼らは支配層に裏切られる歴史を生きてきたのだから、見捨てられたと感じるのは当然である。彼らは保護された空間に安心して暮らすことを強く求めている。**図6**が示す（きわめて脆弱な）論理によれば、課題はローカルのアトラクターに向かっているエネルギーをテレストリアルのアトラクターへと差し向けることである。

違法行為とは土地を根こそぎにすることであって、土地に帰属することにあるのではない。土地に帰属し、そこに長くとどまり、自分の土地として耕し続け、愛着を感じることは、特定の場合を除いて「反動的」にはならない。反動的になるのは、すでに見たように、近代化の強制によって「前進」を続ける狂騒的な逃走と同じ列に並んだときだけである。逃走をやめたとき、土地への帰属願望はどう見えるのだろうか。

ローカルの支持者とテレストリアルの支持者とのあいだの交渉——兄弟の契り?——は、土地への帰属の重要性、正当性、必要性をめぐるものになる。ここに難しさの全容がある。「ローカルが付け加えたもの」（すなわち民族的同質性、世襲財産、歴史主義、郷愁、非真正的な真正性（inauthentic authenticity））と「土地への帰属願望」とを早々に混同しないことが重要である。

一方、どこかの地に着陸するための交渉ほど革新的で、緊迫感があり、先の見えないことはないし、また技術的で人工的（いい意味で言っている）なことはない。素朴さや田舎風というのとはわけが違う。これほど創造的で現代的なことはない。

地球（Earth）への回帰を、ヴィシー政権*のフランスが奨励した国民生活圏《レーベンスラウム》（Lebensraum）**と混同してはならない。オキュパイ・ウォールストリート運動〔本書解題一八四頁〕やフランスのZAD運動***は、政治が土地に帰属することを再び緊急案件として取り上げる必要があることを明確に示している。[48]

*第二次大戦中にヴィシー（フランス中部）を首都とし成立したフランスの政権。ヒトラーのドイツに対し親和的態度を取り、国内ではフランス革命以前の古いフランスへの復帰を求めた。すなわち農業国としてのフランスが求められ、「土地に帰れ」というスローガンが叫ばれた。

**ナチス・ドイツのスローガン。地政学の用語であり、国家が自給自足を行うために必要な、政治的支配が及ぶテリトリーを指す。

***「守るべき土地」。二〇〇八年、新空港建設計画への反対運動に始まり、二〇一八年にその成功を経てフランス政府は建設計画を中止。集団に重きを置く反資本主義社会を形成し、自給自足生活を送る「実験的生活」を創造している〔原注48も参照〕。

「新たな土地への帰属」とローカルとの区別は何にもまして重要である。前者の場合は異なるいろいろなタイプの移民がやって来て住むわけだから、新たな居住地をすべて生地から作り出さなければならない。ローカルが、他者を受け付けない閉鎖性によって他者との差別化を図るのに対して、テレストリアルの差別化デザインは、他者を受け入れる開放性を特徴とする。

ここでさらに別の流れが交渉に入り込む。グローバルにフルスピードで突き進む人々との折衝である。「マイナスのローカル」に向かう人々には彼らの保護の欲求をテレストリアルに向けて配置し直すよう求める一方で、「マイナスのグローバリゼーション」に向かう人々には彼らの目指すグローバリゼーションが地球（Globe）や世界（world）への回帰とは大きくかけ離れていることを示さなければならない。

テレストリアルは大地（earth）や土地に結びついている。またテレストリアルは**世界化**《ワールディング》[49]**（世界とつながる）の方法**でもある。テレストリアルは境界を持たず、すべてのアイデンティティを超える。これまで述べてきた「場所の問題」を解決するとはこういうことである。グローバルの果てしなき地平を実現する地球（Earth）はもはや存在しない。また、ローカルは狭く限定的すぎて、テレストリアルに帰属する多様な存在すべてをそこに収容するのは不可能である。それこそが、ローカルとグローバルを一つの軌道上の連続体として捉えるこれまでのズームレンズが意味を持ちえなかった理由である。

とはいえ、今後築くべき同盟関係がどのようなものであれ、既存の政治意識、政治感情、政治的熱意、政治的立場を話題にしているあいだは真の同盟関係など絶対に築けない。政治意識、政治感情等を作り出してきた現実世界そのものが完全に変貌してしまったからだ。

逆にいえば、私たちは政治感情を刷新するのに**手間取ってしまった**。最初からもう一度やり直す必要がある。まず既存のコンパスの前に新しい磁石を置く。そうすれば、コンパスが新たな方向を指し示してくれる。続けて政治意識、政治感情、政治的熱意、政治的立場を配分し直すのである。

難局にあることを隠したところで仕方がない。たしかに闘いは熾烈を極めるだろう。従来の右派／左派ベクトルに沿って歩調を早めたり足踏みしたりしているあいだに、いつの間にか時間を浪費してしまった。必要な呼びかけや交渉が遅れた。

エコロジー政党の出現が遅れた理由もここにある。エコロジー政党は右派と左派のあいだのどこに自分を位置づけたらよいのか戸惑い続けた。右派／左派の二分法を「超越しよう」ともした。しかし超越をイメージするのに適した**場所**が見つからなかった。一歩脇に踏み出せばよいものをそれが思いつかず、グローバルとローカルの二つのアトラクターのあいだに閉じ込められてきた。そのうち現実感覚を失い、最後はもぬけの殻となった。エコロジー政党でさえ行く当てもなく漂流する――それは決して驚きではないのである。

私たちは政治感情を刷新するための前提を、日々少しずつでも見出そうとしているだろうか。そうした意思こそが、いま作用している様々な力を新たな方向へと持続的に向かわせてくれるのだ。なぜ私たちは自分自身に問いかけ始めないのか――**私たちは近代人なのか、それともテレストリアルなのか？**と。

政治学者ならこう言うだろう。「右派／左派といった基本的価値に匹敵する新たな方向づけを見出すことなど不可能だろう」。それに対し歴史家ならたぶんこう反論する。「一八世紀以前には、果たして〝右派〟の人々や〝左派〟の人々など存在しただろうか」。

重要なのは、新たな同盟関係という舞台装置を想像することを通して、袋小路を脱する力を身につけることだ。「君はこれまで左派であったことがない？　いやそんなことはどうでもよい。私も同じだ。私も君のように、**根っからのテレストリアル主義者**だからね」。私たちは様々な立場からなる新しい全体的配置を学ばなければならない。しかも極近代の闘士たちが舞台を破壊し尽くす前に、それを学ばなければならない。

12
社会闘争とエコロジー闘争をうまくつなげるにはどうすればよいか

これまでのエコロジー運動は、至上の「政治的アクター」であるテレストリアル（大地、地上的存在、地球）に的確な定義を与えてこなかった。というのも、エコロジー運動は、賭金に見合う規模の人員を確保する方法についてまったく理解していなかったからだ。一九世紀以降、人々の感情は「社会問題」によって喚起されてきた。この「社会問題」が喚起する感情の力と第二次大戦後のエコロジー運動が作り出した感情の力とを比較すると、依然、そこには大きな隔たりがあるので、いつも驚愕してしまう。

とくに隔たりを実感するのは、カール・ポランニーの名著『大転換――市場社会の形成と崩壊』を読んだときである。読後にやりきれない気持ちになるのは、「やがて自由主義市場経済は崩壊する」というポランニーが立てた誤った予測のためではない。[*]彼の言う「崩壊」が、政治地理学上の**大いなる不動性**（great immobility）ともいえる反応しか引き起こさなかったためである。名著は一九四四年に出版されたが、それに続く数十年の年月はもう一つの**大転換**〔エコロジカルな大転換〕が起きるべき場所を特定していたはずだ。ところが大転換は起きていない。その間、様々なタイプの社会主義がエネルギーを生み出してきた。そのエネルギーをエコロジー運動が汲み上げ、維持し、拡張していれば、もう一つの大転換はたしかに起きていたはずだ。

＊ポランニーは、一九世紀は世界規模の市場経済化が進み、それまで人類史上に存在しなかった市場社会を生み出したとした上で、市場価格以外に統制されないこの経済はそれ自体のメカニズムが原因で二〇世紀に崩壊し、以後は市場経済から社会を防衛する活動（ファシズム、社会主義、ニュー・ディール）が隆盛すると予測した。

社会主義からエコロジーへのエネルギーの伝達はいっさいなされなかった。社会主義とエコロジーは力を効果的に結集する方法を見出すことができなかった。歴史の流れを変えようと共闘はしたが、歴史の歩みを多少緩やかにしたにすぎなかった。彼らの力が及ばなかったとすれば、それは彼らが、社会問題かエコロジー問題かのどちらかに焦点を合わせるべきか、その選択に直面していると思い込んでいたからだろう。実際には、単なる焦点の選択ではなく、政治の**二つの方向性**をめぐるより根源的な選択が問題だったのである。根源的な選択肢の一つは、社会問題を狭すぎる定義に閉じ込めたままにしておくという道、もう一つは、生存の危機を定義する際に人間と非人間との違いを**アプリオリ**（**先見的**）**には**導入しないという道である。言い換えれば、社会は社会的なつながりだけから構成されるとする狭隘な定義を取るか、社会は人間と非人間の連合（それは共同体（collective）と呼ばれる）から構成されるとする、より広い定義を取るかの選択である。[50]

したがって、この二つの方向性をめぐる問題は、異なるアクター〔他に作用を及ぼしうる存在〕間のどちらを選択するかという問題ではない。常套句を使えば、労働者の賃金と小鳥の運命を天秤にかけねばならないということではない。そうではなく、労働者の賃金と小鳥の運命の**両方**が存在する二つのコンテクストがあって、そのコンテクスト間の選択になる。労働者の賃金と小鳥の運命に対し、関わり方の異なる二つのコンテクストがあるわけだ。

ならば、問いは次のようになる。社会運動はどうしてエコロジー運動の危機を**社会運動自身の危機**として認識しなかったのか。認識していれば自らの陳腐化を免れただろうし、依然、弱体だったエコロジー運動に力を添えることもできた。質問の相手を変えるなら、問いはこうなる。政治的エコロジー運動はどうして**バトンを社会運動の側から引き継いで、**前に進むことができなかったのか。

専門家が「グレートアクセレレーション」（大加速）[51] と呼ぶこの七〇年のあいだに、すべてが変貌した――市場の力は大きく解放され、地球システムによる激烈な反発を引き起こした。もっとも、進歩的政治、反動的政治は依然、近代化と解放の万年来のベクトルに沿って定義されたままである。「グレートアクセレレーション」という大異変が至るところで生じている一方で、他方では全き不動性が存在し続けている。不動性は「社会主義」という言葉に関わる定義、位置取り、目標のことを意味する。しかし、同じ不動性の文脈として、「フェミニズム」が抱え込んだ、言うに言われぬ困難さもある。フェミニストたちは自身の闘争にスポットが当たるよういろいろと画策してきた。ところが社会変革を求める闘いのなかでフェミニズムは長いあいだ「周辺的」な問題として扱われてきた。コンパスの針が動きを止めたかのようだった。[52]

私たちはいま、こうした闘争を統合させるどころか、完全な無力状態に置かれている。「グレートアクセレレーション」という大異変に対しては共産主義の敗退、マイナスのグローバリゼーションの勝利、社会主義の不毛化を甘受したにすぎない。そして最後には曲芸団の登場、ドナルド・トランプの大統領選勝利へと至った。予測するのもおぞましいいくつもの大惨事がこれから訪れようとしている現段階で、すでにこのありさまなのだ。

そのあいだずっと私たちは、「社会的」葛藤と「エコロジー的」葛藤との終わりなき拮抗状態にかかり切りになっていた。まるで二つの別々な現象を取り扱うかのように。ビュリダンの伝説のロバ*よろしく、二つのうちどちらを取るべきかで逡巡し続けた。そしてとうとう飢えと渇きのために死にかけた。もっとも、社会は水の手桶ではないし、自然は穀物の袋ではない。どちらを取るべきかという選択の必要はそこにはないはずだ。なぜなら、こちら側にはありのままの人間だけがいて、あちら側には非人間の対象だけが存在する、などという事態は所詮起こらないのであるから。

*おなかを空かせたロバが、左右に分かれた二本の道の辻に立っている。双方の道の先には同じ距離に同じ量の干し草が置かれている。するとロバはどちらにも行けなくなり、餓死する。優柔不断をいさめる逸話。

エコロジーは政党の名前ではない。人々を不安にさせる何かでもない。それは方向転換を求める呼び声である――「テレストリアルに向かおう！」

13 階級闘争が地理‐社会的立場間の闘争に変わる

共同体の苦闘を受け継ぐ事業になぜ中断が起きるのか。それをうまく説明できるだろうか。従来の座標システムを使えば「進歩主義」と「反動主義」を区別することができた。座標システムそのものは、一九世紀に「社会問題」が登場したとき、**社会階級**という概念が使われたのをきっかけに作られた。社会階級とは、「生産プロセス」のなかで資本家と労働者が占める特別な位置に依存する概念である。

階級対立を鎮める努力が繰り返されたにもかかわらず、また階級対立はもはや意味がないと主張されたにもかかわらず、政治は相変わらず階級対立をめぐって組織され続けた。

市民生活を階級闘争との関係で解釈するのが妥当に見えるのは、資本家‐労働者という対立カテゴリーが一見して物質的、具体的、経験的性質を示しているからだ。そのため、この解釈は「唯物論的」と呼ばれる。唯物論的解釈はいわゆる経済学から一通りの後ろ盾を受けてきた。

様々な改訂が加えられたとはいえ、唯物論的解釈こそが二〇世紀全体を通して広く採用されてきた考え方である。今日でも、「進歩している」ものと「進歩の力に裏切られた」ものとを分けるのに唯物論が使われる（繰り返しになるが、問題が道徳基準か経済関連かによって政治意識は枝分かれする）。押しなべていえば、私たちはずっとマルクス主義者だったわけだ。

この唯物論的解釈が真空のなかを空回りし始めたとすれば、それは社会階級と唯物論を前提とするこの解釈もまた、グローバルとローカルのアトラクターによって規定されたものだったからである。産業化、植民地占領、都市化と続く大規模現象が近代の地平を定義してきた――地平自体が邪悪なものか光輝くものかは問題ではないとされた。この地平が進歩に意義と方向性を与えてきたのである。それが良かったといえるのは、進歩によって何億もの人々が、搾取からとは言わないまでも貧困からは抜け出すことができたためであろう。人々は解放を強く望んだし、たしかに解放は必ず起こるように見えた。

右派と左派は誤解を延々と重ねながらも、どちらが先に近代化に成功し、グローバルな世界に到達するかを競い続けた。その間、改革か革命かという些細な論争も繰り返した。もっとも、彼らは近代化の途上にいる人々に、進歩が人々を**どのような世界**に送り込むのかについて、時間をかけ具体的に説明することはいっさいしなかった。

結局、右派も左派も「進歩の地平」が**ただの地平**に徐々に変貌していくこと、単純な規制の概念やますます曖昧になるユートピアの類に変貌していくことを予測できなかった（あるいは完全に予測していたかもしれないがそうなった)[53]。徐々に姿を現す地球(Earth)が「進歩の地平」にその内容を与えなかったからである。

実際、小著の冒頭で取り上げた二〇一五年一二月一二日のあの事件*までは、公式のCOP21の結論は、グローバルの地平に対応しうる地球(Earth)はもはや存在しないというニュアンスを持っていた。社会階級という見地に立つ分析のもとでは、左派が敵に対抗し続けることは決してできない(これがポランニーの予言「自由主義の消滅」をめぐる間違いをうまく説明する)。左派による物質世界の定義は、「観念論に偏りすぎ」とまでは言わないまでも、過度に抽象的、理想主義的だった。そのため、新たにやって来た現実をしっかりと捉えることができなかった。

唯物論者になるには物質がなければならない。活動に地上的な定義を与えるには地上世界に出会わなければならない。テリトリーを獲得するには地球に居住しなければならない。**レアルポリティーク****(Realpolitik)を採用したければリアリストにならなければならない。

*この日、パリ(気候)協定で各国は地球温暖化による深刻な被害や今後予測しうる事態を公に認めた。これによりテレストリアルの地平が逆に大きく開かれたとラトゥールは見ているが、この画期を彼は「事件」と表現している。同時にそこからエリート層の「単独抜け駆け」計画が本格化していったのだが。

**現実政治。ルードヴィッヒ・フォン・ロハウ(ドイツの政治家、ジャーナリスト)が一八五三年に提唱した。イデオロギー、理想、倫理ではなく利害に従って権力を行使して行われる政治の在り方。

階級闘争の古典的定義を基盤とする分析や実験は二〇世紀全体を通して行われてきた。その間にすべての基礎となる物質の定義、世界や地球の定義そのものがすでに水面下で変容していた。ところが左派がそれに注目することはほとんどなかった。

　したがって問いは次のように変わる。階級闘争に、より現実に根差した定義を与えるにはどうすればよいか。新たな唯物論――新たな物質性、テレストリアル（大地、地上的存在、地球）に向けて舵を切ったときに取らなければならない唯物論――を考慮に入れたなら、定義はどう変わるのか[54]。

　ポランニーは、市場化に抵抗する社会の潜在力を過大評価した。それは彼が人間アクターの支援だけを頼りにしたからである。人間アクターは商品や市場の限界をよく理解していると考えた。しかし人間アクターだけが反乱を起こすわけではない。ポランニーは、抵抗勢力には強力な**加勢**があることを予測できなかった。加勢の主は階級闘争に入り込んで危機の姿を一変させる力を持っている。重なり合う配置のなかで、すべての反抗者が戦闘任務を背負ってはじめて、論争の結果を変えることができるのである。

　かつての社会階級の定義は生産システムにおける人間の位置のみによって決められていた。実に狭すぎる定義だったのである。

　もちろん長い歴史のなかで、専門家たちは社会階級をその厳密な定義だけで終わらせず、価値、文化、意識、シンボルなど一揃いの道具をそこに付け加えてきた。それによって定義はたしかに洗練した。つまりそれによって、社会階級は自らの「客観的利害」を追求するだけの存在ではないことを、その理由とともに明らかにできた。しかし「階級利害」に「階級文化」をいくらか加えても、この社会階級というグループが物理的テリトリーを持つ存在として定義されていたわけではない。だから、「このテリトリーにはすでに人や動物などの定住者が実際にたくさん住んでいて、そのおかげで階級グループは〔地理-社会的な〕場の現実と一体化することができ、自己意識も芽生えさせることができるのだ」とはならないのだ。階級の定義はあくまで社会的なまま〔労働者と資本家という、人間同士の関係として定義されているにすぎない〕、あまりにも社会的なままだったのである。[55]

実際には階級闘争の下部には他の分類法があり、「最後の例」*の下部にはもう一つの例があり、物質の下部にはさらに幾重もの物質があるのである。

*ルイ・アルチュセール（一九一八-九〇。フランスの哲学者。マルクス主義哲学に関する研究で著名）は、哲学とは科学の信憑性を保証する「科学の科学」ではなく、むしろ別なやり方で継続される「政治」であるとした。理論における階級闘争としての哲学。「最後の例」にある哲学は理論領域の階級闘争であると発言。

たとえば、ティモシー・ミッチェル〔英国生まれの政治学者、アラブ世界の研究者〕は、こんなことを明らかにしている。石炭に基盤を置く経済は長いあいだ階級闘争の継続を許容してきた。ところが基盤が石油に移ると、経済は支配階級の勝利を許すようになった。[56] 階級の定義は石炭時代のまま維持されたため労働者階級は労働組合に守られていたが、勝利は支配階級が手にするようになった。

労働者階級が**テリトリーによって明確化されている**場合、階層化の在り方は変わってくる。鉱山労働者には生産を阻止する機会がある。監督者のもとから遠く離れた地下深くの坑道でストライキを組織することができる。スラグの山近くで操業する鉄道の労働者と同盟を結ぶことができる。監督者の家に妻たちが押しかけ窓下で抗議行動を起こすことができる。石炭が基盤であれば、そうした活動が展開できるのである。ところが、基盤が石油に代わった途端、そうした活動のすべてが不可能になる。石油の掘削は遠くの国から派遣された少数のエンジニアが統率し、わずかばかりの現地エリート、簡単に汚職に染まるエリートがこれを仲介する。生産された石油は修理が容易なパイプラインのなかを循環する。石炭のときには見えていた敵が、石油になると一気に見えなくなるのだ。

ミッチェルは労働闘争におけるこうした「空間的側面」を強調するだけでは満足しない。それはわかりきったことだ。彼はさらに、石炭とのつながり、石油とのつながりの具体的中身、それが地球(earth)、労働者、エンジニア、企業に及ぼす影響に着目する。[57] そして最後に逆説的な結論へと至る。第二次大戦後、石油のおかげで国家は経済によって支配される時代に突入した。経済はあらゆる物質的な制限から完全に自由〔使い放題〕だと考えられるようになったのである！

階級闘争は**地理的論理**に依存するのだ。

「地理」という接頭語の導入は、一五〇年に及ぶマルクス主義者の唯物論的分析を不用にするわけではない。反対に、**社会問題の検討を再開させる**。それも新たな地理政治学のもとで、その再開の意義をさらに**強調する**。[58]

一方、**社会階級**闘争の見取り図が政治的生活について教えることはだんだん少なくなっている。専門家たちがただ単に、「もはや人々は自分たちの階級利害に感心を持たなくなった」と憤慨するだけのものになった。だからこそ私たちは、**地理‐社会的場における闘争**の見取り図を新たに作らなければならない。それを使って、この闘争における本来の利害とは何か、同盟関係を持つ相手は誰か、誰に対して闘いを挑むのかを明らかにしなければならない。

一九世紀は社会問題の時代だった。二一世紀は**新しい地理－社会問題**の時代になる。見取り図を変えないなら、もはや左派系の政党はイナゴの大群が通りすぎた緑地帯のようになるだろう。ほこりまみれの残骸しかそこには残らないだろう。それは寒さをしのぐ薪にしかならない。難しさは原理原則を見つけることである。原理原則を使って新しい階級を定義し、相反する利害をめぐる彼らの闘争の行方を追う。とにかく、これまでの物質の定義、生産のシステム、そして時間空間の参照点を疑問視すること、これを覚えなくてはならない。というのも、これらの定義、システム、参照点は社会階級闘争だけでなく、エコロジー闘争を定義する際にもずっと以前から使われてきたのだから。

13

実際、近代という時代の奇怪さは、物質的とは言いがたい物質の定義を、ましてやテレストリアルとは到底言えない物質の定義を私たちが延々と使い続けてきたところにある。一度も使うことができなかったリアリズムに、近代人は誇りを抱いている。惑星の平均気温を無頓着に三・五℃も上げてしまう。第六次生物大絶滅〔近代における生物種の突発的減少〕の執行役を同胞市民に背負わせてしまう。それも誰にも気づかないうちに行う。そんな近代人が唯物論者を名乗る資格があるだろうか。

奇妙なことに、近代人が政治について語るのを聞いても、そこから政策の立法化をどのような実際的枠組みのもとで行おうとしているのか、それが見えてこないのである。

さてまとめておこう。レーニンがよく語っていた「現実状況に対する現実的分析」は、十分現実的なものだったとはいえない。エコロジーはいつだって社会主義者にこう告げてきたのである。「もう少し頑張ってくれ、唯物論者の紳士淑女諸君。君たちも最後の最後には本当の唯物論者になってくれたまえ！」

14 ある種の「自然」概念が政治的立場を凍結した。そのメカニズムの理解を、歴史を通る迂回路が可能にする

革命闘争を展開するなかで、「階級闘争」の古参兵と「地理‐社会的葛藤」〔エコロジー闘争〕の初年兵をうまく融合することはできたのか。もしできなかったとしたら、それは二つの集団が、「自然」に属するものの役割を誤信していたからだろう。まさに「思想〔自然についての考え方（＝普遍主義）〕が世界を導いた」事例の一つといえる。

「自然」についてのある考え方が、近代人に地球（Earth）の占有を許した。そしてその考え方が、他者が他者なりの方法でテリトリーを所有することを禁じた。政治を形づくるには**エージェント**〔行為能力〔事象を引き起こす能力〕を発揮する存在〕が必要だろう。エージェントが政治の利害と政治の行為能力を引き合わせるからだ。ところが近代体制では、政治的プレーヤー〔物理的対象から引き離された存在〕と**物理的対象**とが同盟関係を結ぶことができない。物理的対象は社会の外側にある上に行為能力を奪われているからだ。このジレンマを、フランスのザディストたち〔ZAD運動（本書原注48参照）

の担い手」が見事に表現している。「私たちが自然を守っているのではない。私たち自身が自然で、自然が自然を守っているのだ」[60]。

物理的対象の特徴とされる外部性について、近代はこれを、すでに与えられているものと見なし、経験を通して見出すものではないと考える。だが、そうした考え方はきわめて特殊な、政治‐科学的な歴史の産物なのである。その歴史をざっと見ておく必要があるだろう。政治に自由度を取り戻すために。

テレストリアル（大地、地上的存在、地球）をつぶさに観察するにあたっては、科学の問題がコアになるのは明らかだ。科学抜きでは「新気候体制」について窺い知ることはできない。そしてその科学が気候変動否定論者の御用達になっていることも忘れてはならない。

しかし科学をどう捉えるかは十分に検討していく必要がある。お定まりの認識論を鵜呑みにしたままでは、従来の「自然」概念の呪縛からは逃れられないし、「自然」概念の政治化も不可能である。そもそも「自然」概念は、疑問の余地のない「普遍的な自然法則」に訴えるために作り出された。この概念は、人間行為を制限するために発明されたといってもよい。一方に自由（＝偶然）を置き、他方に完全な自然（＝必然）を置くという二つの方向づけはこうして可能になった[61]。人間以外のアクターの行為能力に頼ろうとすると、毎度、同じ反対に出合う。「自然について考えることはやめてください。それは単なる対象ですよ。反応なんかできませんよ」。デカルトが動物について主張したこと――動物は悩んだり苦しんだりできない――の焼き直しである。

さて、私たちが「科学的合理性」の考え方に反旗を翻したとする。つまり、「自然」との新しい絆を結ぶために、より親密で、より主観的で、より地に足のついた、よりグローバルな（より「エコロジカル」な）把握の仕方を見出したいと主張したとする。その結果はどうなるのか。私たちは二つの前線で同時に闘いに敗れることになる。一方で、伝統的な「自然」の考え方しか手元になくなることによって、他方で、新たに発展する科学の恩恵を受けられなくなることによって。

私たちは**科学の力に最大限依存**する必要があるが、その力に付随する**「自然」のイデオロギーとは決別**しなければならない。また、私たちは唯物論者、合理主義者でなければならない。近代人が捉えようとしてきたそうした性質を正しい土台の上に置く必要がある。

そこでの難しさは、テレストリアルの場がグローブの場とはまったく異なる場を指していることにある。二つの場所で、同じようなやり方で、唯物論者や合理主義者であることは不可能なのである。

グローバルを追い求めることで、合理性はどのように乱用されてきたのだろうか。乱用の範囲を認識することなく、ただ合理性だけを称賛することはできない。最初にそれが明らかになった。

陸や水からなるグローブ（地球）は人間行為にどのように応答してきたのか。近代化プロジェクトは、それを予測するのを二世紀のあいだ「忘れていた」。そんなプロジェクトを「現実主義的」と呼べるだろうか。経済理論は資源の希少性を経済計算に統合できていない。資源の希少性を予測することが経済理論の使命ではなかったか。そうした使命すら果たせない経済理論を、私たちは「客観的なもの」として受け入れられるだろうか。[62] 現在の科学技術システムは、二、三〇年持ちこたえる仕組みをデザインに取り込めていない。そのような科学技術に「有効性」を認めてよいのだろうか。誤った予測を出したという大罪が近代人にはある。過ちの度合いは桁外れなものだ。親は子に、「人間が居住できる世界」すら残せていないのだから。そうした事態まで生み出している文明の理想を、私たちは「合理主義的」と呼ぶことができるだろうか。[63]

　合理性という言葉が人々に戦慄を呼び起こしたとしても、驚くにはあたらない。合理的といわれる人々が信じる事実を他の人々が無視したからといって、それを非難しても始まらない。その前に思い出そう。たとえ他の人々が良識のすべてを失っているとしても、それは彼らが実に巧妙に裏切られてきたからなのだ。

「現実的」「客観的」「効率的」「合理的」、これらの言葉の持つ肯定的な意味を取り戻さねばならない。そのためには、まずこれらの言葉をグローバルから引き離すことだ。グローバルではすべてが空転してしまう。テレストリアルにすべてを差し向けなければならない。

　方向づけの違いをどのように定義すればよいだろうか。二つの極はほとんど同じで、違いはただ一つ、グローバルの方はすべてのものを**遠く離れた**視点から捉える。対象が人間社会の**外側**にあるかのように、また対象が人間の関心事とは完全に**無縁**であるかのように捉える。対して、テレストリアルの方は同じ対象を**ずっと近寄った**視点で捉える。対象は私たちの共同体の**内側にあって**、人間行為に対し**敏感**に速やかに**反応する**。つまり、科学者にとってはまさに、地上へと足を下ろす方法にはまったく異なる二つのやり方があるわけだ。

これは、**知への欲望**（libido sciendi）に関する、隠喩と感受性の新たな配分法の誕生である。政治感情を取り戻し、方向づけを刷新するには、この方法を取ることがもっとも妥当だろう。

グローバルはグローブの**語形変化**と見るべきだろう。グローブは最後にはそれ自身に近づく手立てを捻じれさせてしまった。一体何が起きたのだろうか。

グローブの革命的な考え方（地球（earth）を多くの惑星の一つと捉えること、地球を本質的に似通った物体が多数浮かぶ無限宇宙のなかの惑星の一つと捉えること）は、その起源を近代科学の誕生に遡ることができる。端的にいえば、**ガリレオ的物体**[64]の発明といった事態が起きたのである。

その後、惑星的視点はまさに規格外れの発展を遂げた。惑星的視点が、地図製作者のイメージするグローブ（地球）、初期の地球科学が想定するグローブを作り出した。さらに物理学も生み出した。

不幸なことに、惑星的視点は非常に捻じ曲がりやすくもあった。**ある特別な視点から地球**（earth）**を眺め、**地球（planet）を無限宇宙に存在する多くの物体の落下物の一つとして捉えることが可能になると、何人かの思想家はそこから話を進め、**宇宙を眺めるある特別な視点**があって、地球（planet）上で起こる現象を理解するにはまずその視点を実質的に占める必要があると結論づけてしまったのである。

そのため、地球（earth）から遥か**遠く離れた**宇宙の場所にまず接近することが、**遠く離れた場所**から地球に接近するための、第一の**任務**となった。

もちろん、そうした結論がすべてであるはずはない。見地の不一致というものはいつでもついて回る。知識生産と論文審査の回路全体、つまりオフィス、大学、実験室、実験装置、学会のどれ一つ取っても、昔からあるテレストリアルの土壌（soil）を**離れることは絶対にない**。[65] 研究者がどれほど遠くに思考を送っても、足は地面（ground）にしっかりとつなぎ止められている。

それでも宇宙を眺める特別な視点――「どこからでもない視点」――を取ることが新たな常識となった。「合理性」や「科学的」という言葉までしっかりとそれに結びつけられた。[66] 以来、原初の地球（Earth）の知識を得るにしても、あるいはそれらを評価、判断するにしても、この「大いなる外側」からの視点が前提となった。単なる虚構だったものが、賢人にとっても普通人にとってもこの上なく刺激的なプロジェクトになったのである。**知るとは外側から知る**ことである。それはあたかも何光年も先にあるシリウス星から見るように見るということだ。ただしシリウス的視点はあくまでも想像上のもので、実際には誰もシリウス星に接近したことすらない。

惑星としての地球（Earth）は無限宇宙の一部分となり、物体のなかの物体となった。こうした地球の捉え方には重大な欠点がある。物体が備えている運動のうち、シリウス的視点で扱えるものはきわめて限定的であるにもかかわらず、シリウス的視点がすべての運動を網羅的に説明すると見なしてしまうことだ。科学革命の創成期に許されたのはただ一つ、物体の落下運動だった。実証科学によって把握される運動の全範囲がこれに基づいていたのである。[67]

内部から地球（Earth）を見ると、他にも様々な運動形態があることがわかる。しかしそれらを考慮に入れるのがだんだん難しくなった。運動形態のなかでもとくに**変容**の全範囲については、客観的知識を手に入れることが骨の折れる仕事となった。変容とは、発生、誕生、成長、生命、死、腐敗、変態などの運動形態のことを指す。

「自然」概念がもたらした「外側を通ってくる迂回路」は私たちを混乱させる。その混乱から私たちは依然脱け出せていない。

一六世紀に至るまで、「自然」概念はその意味に運動形態の全範囲を取り込んでいた。ラテン語の natura やギリシャ語の phusis の語源には多様な意味が含まれている。起源、発生、プロセス、モノの変遷といったものだ。ところがいまでは、「自然な」という言葉は「世界の外側から見た単一の運動」を指すのみとなっている。「自然科学」と言うときの「自然」の意味も、そこから取られている。

この用法が宇宙科学の分野のみに限られるなら、それはそれで何ら問題はなかっただろう。**地球 (earth) の表面という特定の位置から、**観測装置や計算という媒介を通して無限宇宙を語る場合だ。しかし実際には、願望はもっと大きく羽根をはやし、地球に起きる事象すべてを同一の視点から――遠く離れた宇宙の視点から見るように――捉えたいという欲求となって広がっていった。

実証科学をフルに用いれば十分把握できる現象が、私たちの眼の前には幾重にも広がっている。ところが、科学者の多くはそうした現象とのあいだに意図的に距離を取る。サディスティックな禁欲主義に耽るように、簡単に接近できるはずのそれらの現象のなかから、**シリウスから見ることができる運動**〔現象〕**のみ**をわざわざ取り出すのだ。

すべての運動は落下物体のモデルに順化させなければならない。それが「機械論的」世界観と呼ばれる見方だ。ただしそのネーミングも、所詮、現実に生じる機械作用を不正確に捉えてしまったために作り出された不可思議な比喩である[68]。

「機械論的」世界観によって、その他の運動すべてに疑いの目が向けられるようになった。内部から捉える運動、地球（Earth）上で把握する運動は到底、科学的とは言えないのではないか、それらを自然律で説明することは不可能なのではないかと。

そこには、遠くから見ることで得られる確かな**知識**と、そうではない単なる**想像**という古典的区別がある。「想像は対象を直近で見ることから生まれてくる。もっともそれは、現実に基づいてはいない。最悪の場合、単なるおとぎ話、よくて古代の神話といったところだ。たとえ世間が認めても、そこには裏書された内容はない」――そう考えられたのである。

私たちの惑星が最終的にテレストリアルから遠去かっていくとすれば、それは「宇宙から見た自然」が「地球（Earth）のなかで見た自然」に少しずつ**取って代わる**からだろう。「地球のなかで見た自然」を覆い隠し、やがてはそれを追い出してしまう。しかし、「地球のなかで見た自然」はこれまでずっと発生現象のすべてを捉えてきたし、今後もそうであり続けるだろう。

いまやガリレオの偉大なる発明が空間のすべてを占有している。だがシリウスから見た地球（earth）は――無限宇宙もそこに入るのだが――、私たちが実証的に知りうる現象のほんの一部にしかすぎない。そのことをガリレオの発明は忘れさせる。だからこそ空間を占有できたのである。

その避けがたい結果として、地球（Earth）で起きている現実的事象に注意を向けることがだんだんと難しくなってきた。

シリウス的視点を維持したままでは多くの事象を見損ねてしまう。このままでは惑星地球（Planet Earth）の視点が作り出す合理性・非合理性に関わる大量の幻想から逃れることはできない。

地上を離れられない私たちは、この三、四世紀のあいだ、火星上に奇妙なものを発見し続けてきた。それを思い出すことだ。今日、私たちはその発見が誤りだったことにようやく気づいたが、この誤りを考えれば同じ三、四世紀のあいだに地上文明の運命についても多くの過ちを犯してきたことは決して驚きではない。いずれもシリウス的視点から眺めたために起きたことである。

そもそも合理性の理想というものは――非合理性への非難も同様だが――、地球（Earth）そのものと地上の生きとし生けるものすべてに向けられるものではなかったか。ところがそれが、遠く離れた宇宙についての数々の夢物語に向けられた。グリーンチーズの月、* 火星の運河** までもが作られた。

＊池に映った月をチーズだと勘違いした愚か者の寓話（思慮浅く信じやすい性質について批判したもの）の派生型が多くの文化に存在する。西欧では今日でもポピュラーなストーリーで、二〇〇二年のエイプリルフール（四月一日）には、米航空宇宙局（ＮＡＳＡ）が、月がグリーンチーズでできていたことを「証明」するハッブル宇宙望遠鏡の「偽の」写真を公表したほどである。

＊＊一九世紀終わりから二〇世紀にかけて、火星には運河があると間違って信じられてきた。二〇世紀初頭にはこれらの運河は知性を持つ火星人によって作られた灌漑用の運河であるとされた。最終的にそれは光学的幻影であることが判明した。

15

右派／左派を二分する近代的視点によって「自然」は固定されてきた。その呪縛を解かなければならない

リアルなもの（客観的、外的、認識しうるもの）と、リアルでないもの（主観的、内的、認識しえないもの）の二分法が、悪名高き近代化のベクトルに**重ね合わされた**。重ね合わされていなければ、二分法は人々を震え上がらせることはなかったし、大科学者のちょっとした誇張として済まされていただろう。大科学者は、地上のリアリティについてそれほど詳しくないのだから。[69]

重ね合わされた時点で、「グローバル」は肯定的意味、否定的意味の二つに完全に分離した。客観の側は近代そして進歩的なものに結びつけられた。主観の側は古来のもの、時代遅れのものに結びつけられた。外側からものを見るとは、意味ある形で現実を把握する唯一の方法と見なされ、何よりそれは、**未来**に向けて自分自身を方向づける唯一の方法とされた。反対に内側からものを見るとは、伝統的、親密、古来のという価値以外は意味を持たないものとされた。

近代の地平とはグローバルの幻影だが、その地平に一貫性を与えているのがこの荒っぽい二分法で

ある。二分法の登場以来、私たちはたとえ一つの居場所にとどまっていたとしても、自分自身と大小の手荷物のすべてを事実上移動させねばならなくなった。主観的、感覚的な場所を離れ、一貫して客観的な場所へ、最終的にはすべての感受性や感傷性から自由になる場所へとすべてを移動させねばならなくなった。

ここでようやく、グローバルとは対照的なローカルが入り込んでくる（図1参照）。反動的で再帰的(reflexive)、郷愁に染まったローカルである。

「プロセスとしての自然」――「自然」という言葉の本来の意味――に対する感受性を失うことが、「無限宇宙としての自然」――近代が与える自然への新しい定義――に近づく唯一の方法となる。近代における「進歩」とは、原初的土壌（soil）から自身を引き離し、偉大なる外側に向けて船出することである。つまり「進歩」とは、自然的になれなくても、せめて**自然主義者**になることである。[70] 子を産むことに由来する多くの比喩をその本来の意味から捩じ曲げて理解し、それを通して昔からある様々な発生形態への**依存をいっさい打ち切る**。そうした過程を経てようやく私たちは「近代に生まれ出ずる」ことができたのである。

また、悲劇ともいえるこの変化が原因となって、女性に関わる多くの伝統的価値にも憎悪が向けられるようになった。それは魔女裁判の分析によってフェミニストが示した通りである。憎悪は、古くからの土壌に対する愛着のすべてをグロテスクなものに変えた。[71] 大地に根づく喜び――それがどのようなものであれ――に対する根強い抵抗は、たとえば、ことわざにもなっている一節、偽善者の司祭タルチュフ（一六六四年発表のモリエールの戯曲「タルチュフ」に出てくるペテン師）が自分の寄宿する家の娘に告げる「娘さん、胸を隠しなさい」に表れる。このときから、客観性はジェンダー（社会・文化的性差）に関連するものとなった。

移民、難民、避難民の大移動――これがただ一つのリアルな「大移動」[72]――が今後、世界各地で私たちの身に重くのしかかってくるだろう。大移動は、マイナスのグローバリゼーションが映し出す光景である。「プロセスとしての自然」（古典的な自然）への執着の最後の痕跡がそこで根こそぎにされる。

これこそが、近代といういまや流行遅れとなった表現の本来の意味である。いまでも、誰かが進歩、開発、未来について語るとき、次のようなこだまがつねに聞こえてくる――「私たちは惑星地球（planet）を近代化します。それが人類を統一してくれるのです」。

私たちは「自然」について語ることができる。ただそれを語ると「自然」は遠くに離れてしまう。ではもっと近くに寄ろうとするとどうなるか。そうなると感情的な面でしか自然を表現できなくなる。惑星地球の視点とテレストリアル（大地、地上的存在、地球）の視点を混同すると、そうした葛藤が起きる。惑星地球の視点を取ると、ものごとを「上から見て」、「自然はこれまでつねにそれ自体で変化してきた。これからも人類を超えて変化し続けていく」と主張することになる。あるいは、「新気候体制」を「あまり重要でないゆらぎ」と見なすことになる。一方、テレストリアルの視点を取ると、そうした距離を置いた態度はいっさい認められなくなる。[73]

いまや次の問いに答えるのは至って簡単になった――なぜ土地への愛着をめぐる葛藤が正確に記述

できないのか。なぜローカルとグローバルという二つのアトラクターに含まれた「自然」概念を脱神秘化しなければならないのか。

いわゆる「エコロジー」政党は「自然」に何が起きているのかと問い、人々の注意を喚起してきた。彼らは自然を「守っている」と主張する。しかしその自然が、どこから見たのでもない「宇宙としての自然」だったらどうなるか。私たちの身体細胞に始まり、遙か遠くの銀河にまで続くあの自然である。その答えはこうなるだろう――「それはあまりにも小さすぎ、あまりにも遠すぎる。またあまりにぼやけている。私たちには関係ないし、私たちにとってはどうでもいいことだ」。

そうした答えはある意味では正しい。だが、これと同じ自然〔宇宙としての自然〕で物事を捉えている限り、「自然の政治学」に向けた進展は起きない。「宇宙としての自然」の立場に立つ限り、地球の磁性についての研究にしろ、三五〇〇個の太陽系外惑星の分類法にしろ、重力波の発見にしろ、土壌の通気に対するミミズの役割にしろ、ピレネー山脈における熊の再導入*に対する羊飼いの反応調査にしろ、現代人の美食耽溺に対する腸内バクテリアの反応研究にしろ、どれを取っても進展など起きない。そこでの「自然」はまったくの合切袋である。

*生物多様性に関するフランスの国家戦略の一環として、頭数が激減したヒグマを一九九六年からピレネー山脈に実験的に再導入している。

「宇宙としての自然」の立場に立って自然を守ろうとしても、そのなまくらな動員の仕方ではおよそ結果は期待できない。「宇宙としての自然」にはどのみち政治を沸かせる力などない。地理‐社会的葛藤のなかで、「宇宙としての自然」——ガリレオ的物体——を動員目標に据えるのは自らの首を締めるようなものだ。「宇宙としての自然」を階級闘争において動員しようとすることは、抗議デモを仕掛ける一団がコンクリート壁に向かって足を踏み出すようなものだ。

客観的、合理的、効果的な記述を開始するためには、そしていくらかのリアリズムをもってテレストリアルの状況を描くためには、あらゆる科学の動員が必要である。もちろん、これまでとは**位置づけの異なる**科学である。

換言すると、シリウスの手を借りても、地球に対する科学的理解を深める助けにはならないということだ。冷徹な知識に感情を伴わせたいからといって、なにも合理性を避けて通る必要はない。**熱気を帯びる地球**（Earth）**の活動**を**ずっと近くから**観察し、できるだけ多くの冷徹な知識を獲得することが重要なのである。

16

「物理的対象からなる世界」は「エージェントからなる世界」が備える抵抗力を持ちえない

すべては「熱気を帯びる地球（Earth）の活動」の意味をどう捉えるかにかかっている。「宇宙としての自然」の視点から見ると、地球（earth）のエージェンシー（行為能力、事象を引き起こす能力）は主観的幻影のように見える。冷酷な「自然」に人間感情を投影させただけのように見えるのだろう。それが理解できないわけではない。

一七世紀、経済学者が「自然」について考察を始めたとき、彼らは早くも自然をただの「生産要素」と捉えていた。間違いなく**外部的**で、**私たちの行為とは無関係**で、**遠くから**把握が可能な資源、そういう捉え方だ。それはまるで、地球（Earth）の外からやって来た**よそ者**が、地球に**無関係な**目標を追い求めるかのようなものだった。

私たちが**生産システム**と呼ぶ場では、人間というエージェント（行為能力（事象を引き起こす能力）を発揮する存在）を労働者、資本家として定義する方法があって、それとは別に、人工的なインフラを機械、工場、都市、アグロビジネスとして定義する仕方があった。これについては広く人々のあいだで共有されていたが、そうしたなかでは近代科学成立以降に（シリウス的視点から見て）「自然」となった存在を、自分たちと同等の重要性を持つエージェント、アクター〔他に作用を及ぼしうる存在〕、すなわち動的存在（animated）、作用的存在（acting entities）と見なすことは到底できなかった。

つまり、人間というエージェント以外のものはすべて人間というエージェントに**依存する**ものであって、人間というエージェントは不可避的に**行動する**存在であると漠然と受け止められてきたのである。しかしここが肝要なのだが、これにより「宇宙としての自然」は「プロセスとしての自然」を完全に覆い隠すこととなった。「プロセスとしての自然」は人間の使う資源を支配する存在として位置づけられる——時としてそれは恐るべき強烈な支配である。だが近代においてそうした自然は、言葉も概念も方向性も与えられる必要のない存在として、完全に捨て置かれてきたのである。

もちろん、非西洋の古文書を漁れば、西洋人とは異なる立ち位置、神話、儀式の類を見つけ出すことはできる。それらは「資源」や「生産」などの概念にはまったく染まっていない。しかし、西洋人にとってそうした文物は、古式ゆかしき主観性の遺物か、近代化の最前線《フロント》によって完璧に凌駕された大時代的な文化と捉えられるのが落ちである[74]。これらの証言はたしかに感動的だが民族資料館にふさわしいものとされてきた。

未来を生き延びる知恵として、非西洋の実践の多くが貴重な学習モデルと見なされ、広く知られるようになったのはつい最近のことである[75]。

自然科学と呼ばれる領域においては、「プロセスとしての自然（narura あるいは phusis）」の科学と「宇宙に焦点を当てた」科学とを注意深く切り分ける必要がある。それによって初めて私たちは科学との関係を変えることができる。「宇宙に焦点を当てた」科学は地球（Earth）を数ある物体の一つと捉えるが、「プロセスとしての自然」の科学は地球を唯一無比のものと見なす。

二つの科学のコントラストが殊のほかはっきりするのは、「**ガリレオ的物体**で構成される世界」と「**エージェント**で構成される世界」を比較したときである。「エージェント」を、ジェームス・ラブロック*に敬意を表して「ラブロック流の」と呼ぶことができるだろう（この命名は対象人物一人を指すのではなく、長く続いている学派を指して使っている。たとえば「ガリレオの」が「ガリレオ流の」という意味で使われるのと同じだ）[76]。

*一九一九ー。イギリスの大気科学者、生化学者。大英帝国勲章受章者。ガイア理論の提唱者として有名。ガイア理論については本書解題二二六ー二三〇頁を参照。

「宇宙としての自然」の科学に携わる人々は、ラブロックら生化学者の議論の内容について致命的な誤解をしてきた。ラブロックによれば、地上（Earth）に存在する生物は地球（planet）の化学的状況の生成プロセスに参加している。またある程度は地質学的状況の生成プロセスにも参加している。ラブロックはそのように考えなければならないと主張する[77]。

私たちが呼吸する空気の組成が生物の活動に依存しているなら、大気はもはや生物にとっての環境

――生物をそのなかに入れ進化させる入れ物――ではない。大気はある意味で生物の行為の結果になる。そうなると、一方に有機体〔＝生物〕があって他方に環境〔＝大気〕があるとは言えない。両者は相互生成の関係にあるからだ。そこでは**エージェンシー**は再配分される。

　地上現象の歴史的展開におけるこうした「生物の役割」（生物の行為能力、つまり生物のエージェンシー）を理解する難しさは、地球生命圏創成期の生物現象を理解するのと同じくらい難しい。しかしシリウス的視点から人間行為を理解する難しさは、さらにその上をいく。

　実際、シリウス的「落下物体のモデル」を運動全般の物差しに用いてしまえば、落下以外の運動――攪乱、変容、先導、結合、変態、プロセス、撞着、重なり合いなど――のすべてが奇妙なものに見えてくる。これを理解するには、古代の天文学者が惑星運動を理解するために発明した周転円〔その中心が他の大円の円周上に沿って回転する小円〕を、さらに大量に描き出さねばならないだろう。

　ラブロックが地上現象を分析する際に取り入れた単純化は、物理的地球に「生命」を加えるものでも、地球を「生きた有機体」と見なすものでもない。ラブロックの還元論的主張はそうした生気論とは一線を画している。彼が用いた単純化は、生物化学的現象や地理化学的現象を独立した現象と見なす考え方や、生き物をこうした現象への能動的参加者として認めない考え方を**否定**することだった。つまり、因果関係の連鎖全体に介入する**多くのアクターを排除**することへの拒否、排除によって地球の**脱アニメート化**（de-animate。エージェンシーを奪うこと）を図ることへの拒否だったのである。[78] ラブロックの議論はそれ以上でも以下でもない。

ラブロックについてのこうした解釈を是非採用すべきだと言っているわけではない。自然科学は人間の生存に関わる活動全体を網羅するものである。そう捉えることが政治の転換につながっていく。それを理解することが重要なのである。

シリウス上でも地球上でも物理法則は同じだが、同じ結果は生み出さない。

ガリレオ的物体をモデルとするなら、自然を「開発すべき資源」と捉えることが可能になる。しかし自然をラブロック流のエージェントと捉えるなら、ガリレオ的物体モデルは無益な幻想となる。ラブロック流の物体は行為能力を備え、人間活動に応答する――最初に化学的反応、次に生化学的反応、その後は地質学的反応といった具合に。自然や物体はどのような力が加わっても不動のままだと考えるのは、あまりにも無邪気である。

別の言い方をすれば、経済学者は自然を生産要素の一つと捉えるが、ラブロックの著書を読んだ読者――あるいはフンボルト[79]の著書を読んだ読者――はそのような捉え方はしないということである。

葛藤について簡単に要約しておこう。まず一方に、シリウス的視点から物事を見る人々が存在する。彼らは、人間行為に対して地球（earth）システムは応答しない、応答するのは不可能だと信じている。またこうも思っている。地球（Earth）からシリウス的視点に向けて見えない力が情報を送っている[80]、地球は多くの惑星のうちの一つにすぎない、基本的には苦痛を感じたり反応したりできる**生物**は地上には人間以外存在しない、と。次に、葛藤を形づくるもう一方には、別の一群が存在する。彼らは、因果の連鎖に沿って動作、活動性（アニメーション）、行為能力を分配することの意味を理解している。

科学にしっかりと足を下ろしている。また、そうした因果の連鎖に自分自身も絡め取られていることを知っている。さて、これら二種類の人々のうち、前者は気候変動懐疑論者（贈収賄への嗜好とは言わないまでも、遠距離への嗜好を通して懐疑論者になった人々）であり、後者は**行為能力を発揮するエージェントの数と性質について**その謎を解き明かそうと腰を据えている人々である。

17 クリティカルゾーンの科学は、それ以外の自然科学とは持っている政治的機能が異なる

言うまでもなく、地理‐社会的葛藤を記述する努力の継続のためには科学と理性が不可欠である。しかし同時に、継続のためには経験科学の範囲を一方では広げ、他方では**制限**しなければならない。経験科学はまず、発生プロセスのすべてを研究対象に取り込むよう自らを拡張しなければならないだろう。今後私たちが協働する存在者たちのエージェンシー〈行為能力、事象を引き起こす能力〉を、アプリオリ（先見的）に制限しないようにするためだ。しかし同時に、経験科学は何らかの制限を、自らに課さなければならないだろう。

経験科学はとくに、**クリティカルゾーン**[*81]と呼ばれる領域の科学を自ら選び取ることが重要である。

＊物理的環境と生物活動（生物圏）が濃密な相互作用を展開する、地球表層の数キロの薄い膜。地球生命圏。ガイア（本書六七頁参照）。

宇宙から見たとき、「第3のアトラクター」であるテレストリアル（大地、地上的存在、地球）に関わるすべての事象は、大気と地質基盤のあいだの、わずか数キロの厚みしかない驚くほどの薄いゾーンで起きている。バイオフィルム〔生命の薄膜〕、膠《にかわ》、皮膚、無限に折り重なる層ともいえる場所だ。あなたに関わることのすべてがこの薄いクリティカルゾーンで起きている。自然全般について語りたければ思う存分語ればよい――そこでは宇宙の壮大さに目を奪われることもあろう。沸き上がる地球（planet）のコアに向かって思考のダイビングを図るのもよい――そこでは無限の宇宙を前に息を呑むこともあろう。それでも、何もかもがこのクリティカルゾーンで起きているという事実は変わらない。それが私たちに関わる科学の出発点であり、終着点である。

だからクリティカルゾーンに関わる知識を実証的知識の領域から取り出さなければならないのだ。テレストリアルの葛藤について語るとき、宇宙全体のことについて思い悩む必要はないのである。

政治哲学においては「宇宙としての自然」の科学と「プロセスとしての自然」の科学の区別に固執するもう一つの十分な理由がある。「宇宙としての自然」の科学の場合、たとえ地球（Earth）を正面から研究するとしても、それを遠く離れた現象として扱う。離れた現象は、実験器具、モデル、計算の媒介なくしては近づけない。この科学は、研究精度の向上に挑んだり代替説を主張したりしているが、そういったことは少なくとも一般の人々にはあまり意味がない。私たちはみな、そこでの研究成果を専門家の講義によって普通の学習法で普通に学習するだけである。もちろん私たちには、そうしたことに興味を持たずに遣りすごす選択肢も権利としてはある。

一方、「プロセスとしての自然」の科学が対象となると状況は一変する。この科学はクリティカルゾーンに関わるものだ。研究者はクリティカルゾーンで、対立し合ういくつかの知識体系に直面する――だがそうした個々の知識体系をアプリオリに剝奪する権限を彼らは持っていない。[82] また研究者はクリティカルゾーンで、そこに存在する個々のエージェント（行為能力（事象を引き起こす能力）を発揮する存在）が抱え持つ葛藤に出会う――だがそうした個々のエージェントに対して興味を持たずにいる特権も可能性も彼らにはない。

ブラックホールや磁化反転の代替説を組織的に展開しようとする人々などそう多くない。しかし土壌、ワクチン、ミミズ、熊、オオカミ、神経伝達物質、きのこ、水循環、大気組成についてなら、私たちには経験からくる大小の知識が備わっている。だからどんなに小さな研究でも即座に全面的な解釈合戦に発展する。クリティカルゾーンは教室ではない。研究者と一般の人々とのあいだに、純粋な教授法を前提にして出来上がった関係があるわけではない。

もしこの点に何らかの疑問が残るとしても、気候に関する似非論争がその疑問をいとも簡単に払拭してくれる。[83] たとえば、ヒッグス粒子の発見をめぐっては、一般の人々の無知を醸成するために大企業が大金をばら撒いた話など聞いたこともないが、気候変動の否定をめぐってならば、話は別だ。資金の流入は洪水と化す。一般の人々の無知はそれだけで価値のある商品になるからだ。そこに多額の投資が行われるのも、当然といえば当然である。[84]

換言すれば、「プロセスとしての自然」の科学においては、「宇宙としての自然」の科学に特徴的な、高慢な利害中立的認識論は維持できない。また「宇宙としての自然」の科学を保護する哲学は「プロセスとしての自然」の科学の助けにはならない。ただし、論争を免れることは不可能だろうから、「プロセスとしての自然」の科学は、科学から利益を受ける人々——大いなる利益を受ける人々——に屈しないための準備を整えておくべきだろう。

政治に関連した本質的な要点はこうなる。すなわち、人間行動に対する地球（Earth）の反発は、地上世界がガリレオ的物体で構成されていると信じる人々には異常事態と映り、ラブロック流のエージェントの連結で構成されていると考える人々には自明と映る。

以上の議論を受け入れるなら、第3のアトラクターは「自然」（一般に認知されてきた、「宇宙としての自然」のことをここでは言っている）とのつながりが薄いことに気づくだろう。その「自然」は、グローブかグローバルである。

今後はテレストリアルを通じて、多数のエージェントが織りなす連結的行為について理解していかなければならない。クリティカルゾーンの科学がそれを可能にする。この科学の周りには相矛盾する利害を持った無数の関連団体が存在する。そのそれぞれが、異なる実証的知識の体系を持つ。クリティカルゾーンの科学はそれらと競い合い、正統性と自律性の獲得を目指して奮闘する。テレストリアルは文字通り、もう一つの世界を描き出す。それは「自然」とも異なるし、「人間世界」あるいは「社会」と呼ばれるものとも異なる。「自然」「人間世界」「社会」は三つの政治的実体である。しかしそれらは、テレストリアルのもとではこれまでのような土壌（soil）の占有、「土地の収奪」を生み出すわけではない。

新たな世界を発見するには、これまでとは違った心理的装備が必要であることに気づくだろう。グローバルに向けて前進していたときとは違った形の**知への欲望**（libido sciendi）が必要だ。無重力による解放を目指すのと、耕作過程、土壌の掘り返しを通して解放を目指すのとでは、必要な美徳がまったく異なる。同じ革新でも、制限や規範のすべてを取り払う革新と、一定の制限のなかで利益を見出そうとする革新とでは大いに異なる。進歩の行進を祝う点では同じだとしても、グローバルに向かっているときと、人間行動に対する地球（Earth）の反発を考慮に入れて「問題解決的な前進」を目指しているときとでは、その意味がまるで違う。

どちらの場合も実証的知識の体系を問題にしている点では同じだが、科学的冒険心や、そこに投入される実験室・実験装置・調査研究は大いに異なる。グローバルとテレストリアル、二つのアトラクターに向かう研究者間の考え方はまったく異なっている。

以上に述べた差別化の戦略的利点は、近代的なイノベーション志向であれ企業家精神であれ、その持つ発明気質に関してはいくらかでも受け継ぐことができる点だ。近代人を絶望に追いやることだけは避けたいと思うなら、これは必須だろう。近代人もまた同盟者の候補である。イノベーションの精神を受け入れながら、異なる課題にそれを適用していくのである。

私たちの前途には、間違いなく、「偉大なる発明」の新時代が開かれている。それは、先住民族を一掃した新世界の大規模征服とは似て非なるものだし、超 - 新 - 近代化の形態へと突き進むような一目散の逃走とも違う。いま必要なのは、折り重ねられた千の層を持つ地球〔Earth〕の奥へと掘り進んでいくことである。

地球〔Earth〕――熱情と恐怖が入り混じるなか、私たちは一瞬のうちにそれを理解する――、それは最低一つ以上のトリック道具をバッグのなかに忍ばせ、第三者のように振る舞い、私たちの行動のすべてに入り込んでくる。グローバルもテレストリアルも、近代の伝統を動かす駆動力の一つ〔実証的知識の体系〕にすがりつきながら前進し、現状を**超えていかなければならない**。その過程で両者とも様々なタブーを犯すが、ただし、タブーの種類は異なっている。両者ともヘラクレスの柱*を通って行くが、ただし、通り抜ける柱は同じではない。

*ギリシャ神話。ヘラクレスが建てた、ヨーロッパとアフリカの両岸に向かい合う巨大な柱のこと。本論では地球の現状を超えていくための二つの門に譬えられている。

18

生産システムと発生システムのあいだに生じる矛盾が増大している

「自然」を離れ、テレストリアル（大地、地上的存在、地球）へと注意を向けるならば、気候的脅威の出現以来私たちが陥ってきた政治的立場の断絶に終止符を打てるかもしれない。断絶こそが、いわゆる社会闘争とエコロジー闘争との連携を危険にさらしてきた。

社会闘争とエコロジー闘争の関係の再構築は、**生産システム**（system of production）に焦点を当てたこれまでの分析から**発生システム**（system of engendering）に焦点を当てた新たな分析へと移行することに関わっている。生産と発生の二つのシステムの違いは大きく分けて三つある。まず何よりも原理が異なる――前者では「自由」（解放）が、後者では「依存」が原理となる。第二に、人類に与えられる役割が異なる――前者には「中心的役割」が、後者には「分散的役割」が与えられる。最後に、関心の対象となる運動の種類が異なる――前者では「機械的作用」が、後者では「発生」が関心の対象となる運動である。

生産システムにおいては、科学の役割と、自然に関する特定の概念――すなわち物質主義（唯物論）――がその基盤に置かれている。また生産システムにおいては、政治に対して自然とは異なる機能が与えられている。生産システムの原点には人間アクターと資源との区別がある。根本のところで、自然は単なる背景、その前で人間は自由を享受する存在として捉え、人間と自然にはそれぞれ明確な境界を形づくる固有性があり、その境界は特定可能だと捉える。

一方、発生システムにおいては、エージェント〔行為能力（事象を引き起こす能力）を発揮する存在〕やアクター〔他に作用を及ぼしうる存在〕といった動的存在（animate beings）が互いに対峙し合っている。これら地上的存在（すなわち複数のテレストリアル）のそれぞれが別個の反応能力を持つ。発生システムは、生産システムが形づくる物質概念から派生したものではないから、生産システムとは認識論も政治の形態も異なる。また発生システムは、人間のために資源を利用したり商品生産したりすることにはまったく興味を持たない。地上的存在（複数のテレストリアル）を**発生させることだけ**に興味を持つ。地上的存在とは人間だけでなく、すべての存在を指す。さらに発生システムは、愛着の醸成〔愛着を持って互いに結びつきを深める〕という考え方を土台に据える。しかしそれを作用させることは実は大変難しい。なぜなら、動的存在は近代化の最前線《フロント》によって制限を加えられているわけでも、一方の側に押し込めているわけでもないからだ。動的存在はつねに何重にも重なり合い、互いに入れ子状になっている。

以下では、先に挙げた生産と発生という二つのシステムの三つの違いについて見ていこう。まず、一つ目の違い、原理について。今日、生産システムと発生システムのあいだに明確な対立関係が生まれているとすれば、それは私たちを取り巻く政治世界に**新たな形態の権威**〔「新気候体制」を指す〕が姿を現したからだろう。おかげで過去の問題のすべてを洗い直すときがやって来た。私たちは「自由」（解放）から始めればよいわけではない。新たに再発見された「依存」から出発しなければならない。「依存」がまず何よりも先に現れて、「解放のプロジェクト」に制約を与え、これを複雑化し、これに再考を要求する。それは最終的にプロジェクトの拡張を実現するためだ。このやり方は、弁証法の新たなピルエット〔バレーのつま先旋回〕を使って、ヘーゲルのプロジェクトをもう一度ひっくり返すようなものだ。[85] 精神は決して輪廻をやめなかったのである。*

*「解放のプロジェクト」とはマルクス主義のいう、賃労働が生む疎外からの人間解放を指す。マルクスはヘーゲルの弁証法を取り入れながらも、ヘーゲルが精神や意識の弁証法を目指したのに対し、物質の発展過程に弁証法を適用しようとした。ヘーゲルのプロジェクトをひっくり返したのである。一方、ラトゥールはマルクスによる物質の扱いすら十分でないと考える。あくまでそれは「生産のプロジェクト」における物質だからである。それを新たに「発生のプロジェクト」として捉え直そうとするなら、今度はマルクスのプロジェクトをひっくり返すことになる。

129

18

「地球」（planet）（クリティカルゾーンと言うべきだが）はもはや、近代化のユートピアやマイナスのグローバリゼーション〔限られた人々に占有されるグローバリゼーション〕に場所を提供することができなくなった」――こうした主張〔蒙昧主義のエリートたちによる主張〕の裏で強調されたのが、「新気候体制」下における新たな形態の責務である。以前から叫ばれてきた「自然の」制約とは異質な障壁を押しつける**もう一つの力**、それが私たちに振りかぶさっている。このことをどうして否定できようか。[86]蒙昧主義のエリートたちが、残り九〇億の善民と地球（planet）をシェアするつもりなど毛頭ないと固く心に決めたとき、即座に彼らがしっかり確認したのは、この**新たな形態の権威**（＝「新気候体制」）をめぐる葛藤である。「九〇億の善民の運命こそ、つねにわれわれの中心的関心事だ」――エリートたちはそう主張する。彼らはこの**新たな形態の権威**の正体を明かさないつもりなのだろうか。己の悪行を必死に隠しているのは、その**権威**が存在するからだというのに。[87]

　このことは、二〇一五年一二月一二日に炸裂した外交の場での矛盾とも重なる。パリ協定採択時の最終局面で、すべての使節団がつぶやいた。「私たちが計画した開発プロジェクトをすべて実現できる地球（world）など、もはや存在しないのではないか?!」

　一体どのような力が一七五カ国の合意を引き出したのか。何が参加国を合意へと導いたのか。国家主権のようなものが一七五カ国を包み込んだわけではない。各国首脳らを**支配する権力**のようなものが働いたわけでもない。そうではなく、各国首脳らの前には、そうした合意に何らかの**正統性**を与える対象が立ち現れていたのだ。はっきりとした形を持たないこの「対象」を何と名づければよいだろうか。

　それは「人新世《アンスロポセン》」という用語が要約する矛盾とも一致する（人新世の起源の日付と定義に関しては依然、論争があるけれども）。その矛盾はこう告げている。「近代化の願望を満たす安定的で独立した枠組みなどもうないのです。今後、地球（Earth）システムはあなたの行為に相応の反応を返してくるでしょう」。人新世という概念に向けられた批判をすべて考慮したとしてもなお、この新たな地質年代に被せられた「人間」の接頭語は、惑星地球（planet）の問題すべてが政治の場に再び立ち現れたことの兆候だといえる。昔ながらの自然資源のすべてにいま「メード・バイ・人間」のラベルが貼られたかのようだ。[88]

これこそ、ホワイトハウスのローズガーデンに立つトランプ大統領が米国のパリ協定離脱方針をまるで勝利宣言のように表明したあの日、最終的に明らかになったことである。彼の宣言はすべての国に対する宣戦布告だった。軍隊を動員しない代わりにCO_2を動員する。〔自国の〕排出権を堅持するという手段ですべての国を占領しようというわけだ。

米国は、パリ協定参加国に対して「実際に占領するわけではない」と言いわけしながら、何千キロも離れたところからCO_2を大量に排出し、大気組成に多大な影響を与えている。もちろん参加国もその同じ大気の影響下にある。国民生活圏《レーベンスラウム》〔ナチス・ドイツのスローガン。本書八五頁〕の新バージョンのもとで、新たな**支配権**のスタイルが登場したのである。

矛盾こそが政治史を駆動すると認めるなら、次のことに気づくはずだ。生産システムと発生システムとのあいだの矛盾に油を注いでいるものこそ、この**新たな形態の権威**への依存なのであると。新たな形態の権威は昔から存在していて、新たに再鋳造された。

さて、生産システムと発生システムの二つ目の違いは、人類に与えられた役割の違いである。この違いは、出現しつつある権威の原理がまさに直接作用した結果として生まれた。人々はこの一世紀のあいだ自然の問題をめぐって争ってきたが、今日におけるこの問題の再登場は、人間中心主義から離脱せねばならないことを意味するのか、それとも反対に、あくまで人間を中心に居座らせねばならないことを意味するのか。これは、「ディープエコロジー寄り」の立場を取るか、「人間寄り」の立場を取るかという問いである。

ただ、この問い自体が限定的であることに注意すべきだ。そこには明らかに「人間の政治」以外の政治が存在していない。しかもこの「人間の政治」は人間の便益のためにあるとされている。誰もこのテーゼに疑問を抱いてこなかった。つねに**人間の形態と構成**が問題にされてきたのである。「新気候体制」の登場により何が課題として浮かび上がってきたのか。それは人間中心主義か否かという選択についてではなく、「人間」の側の構成、存在や形、すなわち人間の運命そのものについてである。したがって、人間の運命に対する見方が変われば、人間**利害**の定義も連動して変わることになる。

実際、近代人には明示可能な**情景**のなかに人間を位置づけることなど不可能である。近代人にとって人間という用語は、物体のような自然の存在を指すか（「宇宙としての自然」の意味だが）、反対に、それより遥かに優れた存在、つまり魂、文化、知性によって自然から抜け出すことのできる存在を指すか（これも従来通りの考え方だが）、そのどちらかである。近代人はこの二つの定義のあいだを行き来するわけだ。これまで、この行き来の不安を鎮め、人間存在に安定した形を提供できた者など誰一人としていない。

今日、状況が変わったとすれば、それは気候危機が自然と人間の**二つの存在**をこれまでのレールから押し出してしまったからである。

人間**中心主義**を支持するか否かということ自体が、おかしなあり得ない選択である。というのも、この選択には人間という一つの**中心、**もしくは人間と自然という二つの**中心**のいずれを選ぶかという暗黙の態度表明が前提にあるからだ。奇妙なことに、近代人の頭のなかには境界がくっきりと描かれた人間の中心円があり、人間以外のすべては境界の外側に位置するという像が沁み込んでいる。外側というものがあたかも存在するかのような扱いだ。

「新気候体制」のもとでの問題は、まさに生存の基盤というものが何なのか、私たちにはわからなくなっていることだ。重要な課題が人間の脱中心化か否かにあるのではないと言えるのは、そもそも人間の中心円など存在しないからだ。いま私たちは無限宇宙の話ではなく地球（Earth）の話をしている。地球について私たちは、パスカルに続いてこう言わなければならない。「中心はどこにでもあり、周辺はどこにもない」。

この点を強調するには、人間について語るのはやめて、**テレストリアル**（地上との絆に縛られた存在）について語らなければならない。「人間」（human）の語源となる「**腐植土**」（humus）や「**堆肥**」（compost）の意味合いについて熱く語るべきだろう[89]（「テレストリアル」を使えば生物種を特定しないで済むという利点もある）。

「私たちは地上との絆に縛られた存在だ。私たちはテレストリアルのただなかにいるテレストリアルである」。こう主張することは、「私たちは自然のなかにいる人間である」と主張するのとは**異なる政治をもたらす**。二つの主張は同じ布で織られてはいない。あるいは同じ泥からできてはいないと言った方がよいだろうか。

最後に、生産システムと発生システムの三つ目の違いについて。これは、発生システムにおいては**行為の自然化**〔各アクターの作用力を認めず、不動の存在と見なすこと〕を避けながらアクターの数を増やすことに関わる。テレストリアル的視点に立った物質主義者（唯物論者）とは、世界を物体に還元できる人ではなく、考慮に入れる運動のリストを拡張できる人を指す。とくに発生システムから生まれる運動は取り込まなければならない。これは、シリウス的視点を取ったこれまでの探索では履行できなかったものだ。

実際、私たちが生存していくためにはどれだけの数の**他者**が必要になるだろうか。テレストリアルには、他者を発見するという課題が課せられている。それは慎重さを要する課題だ。他者のリストを作ることが、私たちの**居住場所**（dwelling place）の細部を描き出すことにつながる（居住場所という用語を使うことで「テリトリー」という言葉を離れることができる。「テリトリー」は、あまりに頻繁に、国家の単純な管理区画を表すのに用いられてきた）。

テレストリアルを追求するとは、「アクターの解釈」という新たな葛藤を追加することである。アクターとは誰か、彼の欲求とは何か、彼の願望とは何か、彼に何ができるのか。これをすべてのアクターについて問う。労働者について問い、空を飛ぶ鳥やウォールストリートの重役について問い、土壌（soil）のなかの細菌、森林、動物について問う[90]――あなたは何が欲しいのか。何ができるのか。誰とだったら一緒に居住できるのか。何があなたの脅威になるのか。

いわゆる「自然の」エージェントとなら共感し合い、調和して暮らせる、と信じ込む罠にはまってはならない。互いに重なり合ったすべてのエージェント間で合意を達成せよと言っているわけではない。そうではなく、エージェントに「依存」する方法を学ぶ必要があるということだ。征服も調和もいらない。アクターのリストはどんどん長くなる。各アクターの利害は互いに侵犯し合うだろう。それだけ多くのアクターとともにそれぞれが自分の居住場所を見つけていかねばならないのだから、ありったけの調査能力が必要になるだろう。

発生システムにおいては、すべてのエージェントが、すなわちすべての動的存在（animate beings）が人類の祖先と子孫に関わる問いを投げかけてくる。私たち人類の**系統的つながり**を将来も長く維持していくためには、その系統についてよく理解し、その系統のなかに自身をどう位置づけるべきかをよく検討しなければならない。[91]

こうした事業は、近代人にとっては著しく反-直観的なものになるだろう。近代人のこれまでの選択は、つねに古いものと新しいものとのあいだの選択だったからである。近代が大なたを一振りし、古いものと新しいものとを切り分けてから、元には戻っていない。近代人にとって過去に架ける橋はない。過去はつねに乗り超えられるもの、時代遅れになるものだ、新旧の選択についてわざわざ時間をかけ、改めて議論したり、逡巡したり、交渉したりするのは時間の矢に疑問を抱くことだ、そんなことをしていてはただ時代遅れになるばかりだ、というわけである。

こうして見てくると、近代化の最前線《フロント》がいかに倒錯的であるかがわかるだろう。伝統の概念を懐古的だと笑い飛ばし、伝達、遺産、再生のすべての形を、あるいは変容のすべての形を、つまりは発生のすべての形を排除する。そうした排除が、風景、動物、政府、神だけでなく、人間の子どもの教育に対しても行われる。

生産システムに囚われると、人間だけが革新の力を持つように思えてくる——もっともこのシステムのなかでの革新はいつもあまりにも遅まきなのだが。一方、発生システムのなかにいると、大惨事になる前に**人間以外の多くの抗議者**が声を上げる。また声を上げることが可能になる。発生システムにおいては、視点だけでなく**生命の地点**自体も増殖するからだ[92]。

生産システムから発生システムへと移行することで、不公正に対して反旗を翻す根源的要素も増やすことができる。結果的に、テレストリアルへと向かう闘争を共に闘う潜在的同盟者と出会い、その範囲を大きく広げることができる。

もし地理政治の転換が哲学的判断からくるものなら、それはほとんど威力がない。「新気候体制」以前においてはなお、そうした判断のもとでの転換はいっそう受け入れがたく、複雑で理解しがたく、終末論的でさえあるように見えた。

発生システムを通じて私たちは、解放されたエージェントが提供する恩恵を受け取ることになるだろう。解放されたエージェントは私たちに、以下を問うことの意義に何度でも立ち返るよう求めるだろう——人間であるとはどういうことか。テリトリーとは何か。政治体制とは何か。文明とは何か。

角度を変えて見るならば、現在の状況は単純な矛盾ではない。生産システムの物質的歴史が増殖させた無数の矛盾の一つではない。今日の矛盾は生産システムと発生システムのあいだに生じる矛盾である。単に経済学の問題ではなく、文明そのものの問題である。

生産システムから発生システムへの転換を図るには、経済中心の統治から抜け出す方法を学ぶ必要がある。まずはシリウス的視点を離れることだ。シリウス的視点が地球（Earth）に投影されているから、地球自体が見えにくくなる。[93] ポランニーも書いた通り、市場が作る「世俗的宗教」は私たちが住む**この世界の**ものではない。[94] シリウス的視点の物質主義（唯物論）は、気候変動をいっそう非物質的な現象と見なしてしまうほどの理想主義である。地球をいま一度、私たちの手に取り戻すには、そうした超地上的な存在、シリウス的視点の物質主義による侵略と闘っていかなければならない。超地上的存在の利害や「世俗的宗教」の所有物は、地上密着型のテレストリアルのものとは違う。超地上的存在は私たちに、文字通りいかなる存在も**この世界に連れて来ることを**許さない。

小著の冒頭から扱ってきた対象が、いまテレストリアルという名前で再登場する。テレストリアルは依然、**制度**にまでは至っておらずアクターでしかない。ただその役割は、近代人が「自然」に与えてきた政治的役割とは大いに異なる。[95]

新しい葛藤が古い葛藤に置き換わるのではない。新しい葛藤は古い葛藤を鋭敏にさせ、その展開を変化させる。何より、それによって古い葛藤についての認識を深めることが可能となる。地球に降り立つための闘いは、グローバルかローカルかという、ユートピアに向かうための闘いとは比較にならないほどの効果を発揮し、状況を明確にしていく。

（ところで、そろそろ「エコロジー」という言葉の使用もやめた方がよいだろう。科学領域以外では使わないでおこう。テレストリアルである私たちが共通の利害を持つ他のテレストリアルとともに生きる居住場所、他のテレストリアルから防衛を図る居住場所とは一体どのような場所か、そうした「場所」に関する問いだけが私たちの手元にある。形容詞の「政治的」という用語はテレストリアルを指す場合にも十分利用可能でなければならない。長いあいだ「政治的」（political）という用語はポリス（polis：市民による政体）を指す場合の用語として限定的に使われてきた。その意味を拡張する必要がある）。

とうとう私たちは紛れもない戦時体制に入った（ただ疑似戦争ではあるのだが）。宣戦布告がなされ、その後は休戦状態が続いている。[96] ある人はそこらじゅうに戦争状態が蔓延していると感じ、ある人はそうした状態のなかにいることを徹底的に無視する。

多少芝居がかった調子で要約しておこう。この闘いは「近代人とテレストリアルとの闘い」と命名してよかろう。近代人は、人類が完新世という地質年代にいまも単独で生きていると信じている。彼らは、グローバルに向けて逃走するか、ローカルに立ち戻るかをひたすら模索している。一方テレストリアルは、自分たちは「人新世」にいると気づいている。彼らは、自分たち以外の多くのテレストリアルと一緒に暮らしていく道を模索している――いまだ政治的制度の形をなさないある強力な権威〔＝「新気候体制」〕のもとで、その道を模索している。

そして、すぐにでも市民戦争、道徳戦争へと発展するであろうこの闘いが、私たち一人ひとりを内側から分裂させている。

19

居住場所を記述する新たな試み
——フランスで実施された苦情の台帳づくりを一つのモデルとして

政治感情は新たな賭金になる、そう公言するどんなテクストにも決定的な弱点はある。読者には当然ながら最後にこう問いかける権利があるのだ。「すべては結構なことだ。今後の立証は不可欠なことだし、仮説自体も魅力的である。ただ実際のところ、この仮説は私自身にどう関係しているのか。私のために何を変えてくれるというのか」。

「一体何をすればよいというのか。パーマカルチャー（持続型農業）[97]を始めればよいのか。デモを先導すればよいのか[98]。冬宮殿（サンクトペテルブルクにあるかつてのロシア帝国の宮殿）に向けてデモ行進をすればよいのか。それとも聖フランチェスコの教えに従えばよいのか[99]。ハッカーになる？ 近隣の親睦会を組織する？ 魔女の儀式をもう一度作り上げる[100]？ 人工光合成事業に投資する[101]？ 候補はいろいろある？ 野生オオカミの追跡も[102]？」。

「この本であなた（＝ラトゥール）は、仲間たちの位置、反対者の位置を特定するために〝三角形〟

のアトラクターの図（図6）を示したと言っているが、本当に仲間たちがこちらの第3のアトラクター（テリトリアル）に向かっているのか、あるいは反対者たちがあちらの第1、第2のアトラクター（ローカルとグローバル）に向かっているのか、まったくわからない。ダーツを投げて占わない限り、お手上げです」。

もちろん小著の目的は失望を与えることではない。いままさに歴史が動き出しているのだ。その歴史のただなかにいるのだから、歴史より早く進めとは誰にも言えないだろう。さあ、読者のすべてがテレストリアルについて知ることになった。読者のうち、近代人の参照枠をまだ捨てられないでいるのは誰だろう。「新気候体制」が依然、具体的制度を持たないのは事実であるが、私たちがどちらともつかない立場、疑似戦争のただなかに立たされていることも事実である。いま私たちは前線に向かって動員されていると同時に、後方に向かって除隊させられている。

テレストリアルは空き家を持つ存在であり、同時にまた、すでに居住者を持つ存在でもあるから、状況はなお不安定である。土壌＝大地（soil）に帰ろうという空き家を探し求める先導的動きはこれまでにも山ほど見られた。まさにどこにでも見られた――美術展、科学雑誌、資源共有への関心の復活、辺境の山間集落への集団移住などだ[103]。それでもこの新たな座標システムはまだまだ十分確立されていないが、私たちが投票所に向かうとき、あるいはメディアをチェックするとき、このシステムの存在には気づかずともこの座標の上を歩んでいる。大転換はすでに始まっているのである[104]。

第3のアトラクター（テレストリアル）が取り立てて魅力的に映らないのは事実である。だからテレストリアルにはこれまで以上に十分な保護と注意、時間、外交が求められている。依然、グローバルは光り輝き、自由を人々に与え、熱狂を呼び起こしている。危機に気づかずにいることを許し、人々を解放し、永遠の若者の印象さえ与えている。ただ一つ、問題なのは、グローバルが実際にはどこにも存在していないことだ。一方のローカルは、人々を安心させ、穏やかにし、アイデンティティを与えている。しかしここでも唯一問題なのは、ローカルもまた、どこにも存在していないことだ。

小著の冒頭で問題にした事実は相変わらずそこにある。しかし、いまやその捉え方は大きく変化した。「昔の自分に帰るのでもなく、国境の防衛に向かうのでもないとしたら、どうすれば守られているという感覚を養うことができるのか」。いまその答えを返すことができる。「近代化によって矛盾と決めつけられた〔グローバルとローカルの〕二つの相補的活動を同時に行うことです。**土壌（soil）それ自身への愛着を育む**とともに、**世界（world）に愛着を抱く**のです」。

テレストリアルと名づけたアトラクターは、明らかに「自然」とは違う。それは惑星地球（planet）の全体ではなく、その表層にあたるクリティカルゾーンの薄いバイオフィルム（生命の薄膜）である。それが土壌（soil）と世界（world）という対立する二つの存在を結びつける。土壌はローカルの視点とは何の関わりもないし、世界はマイナスのグローバリゼーションの視点とも惑星の視点ともまったく似ていない。

第3のアトラクターは土壌（soil）から物質性、異種性、厚み、埃り、腐植土、連続した層、地層、そしてそれらに必要な注意深いケアを引き継ぐ。つまりシリウス的視点では見えないもののすべてを引き継ぐ。それは開発計画や不動産計画が奪取してきた土地区画とは正反対のものである。テレストリアルにおいては地面（ground）、土壌の収用が不可能である。人々はテレストリアルに帰属する。しかしテレストリアルは誰にも帰属しないのである。

一方で、第3のアトラクターは世界（world）からも引き継ぐものがある。世界といってもグローバルの形態――近代化プロジェクトの派生形に伴うマイナスのグローバリゼーションの形態――からではない。いまも活発に作用している**グローブ**の形態、すなわちプラスのグローバリゼーションの形態から引き継ぐのだ。プラスのグローバリゼーションはこれまで様々な存在様式の収集・収録を進めてきた。そのおかげで、私たちはいかなる境界の内側に閉じ込められることもなければ、一つの場所に制約されることもなかった。

土壌（soil）は私たちが愛着を持つことを許す。世界（world）は分離〔場が境界によって閉じられておらず開かれていること〕を許す。愛着によって私たちは**偉大なる外側の幻想**から離れることができる。分離によって私たちは**境界の幻想**を免れることができる。土壌と世界はこうして均衡を生み出す。そうした均衡こそ、今後私たちが洗練させていくべきものだ。

運よく私たちを解決に向かわせてくれるのが、「新気候体制」という、〔生物と環境との相互生成の〕履歴を持つ新たなエージェント特有の特徴である。この体制のもとでなされる「ローカルからグローバルへの移動」は、ひとつながりの連接したスケール（尺度）の上を移動するものではない。その点で、最接近のイメージから鳥瞰的イメージまでを連続した視点で移動させる現在のグーグルアース

〔Googleがインターネットを前提として開発したバーチャル地球儀システム〕のズーム機能は現実的ではなく、私たちに幻想をもたらすだろう。[105]

闘争が続くテレストリアルのテリトリーで活発に活動する動的存在（animate beings）を、「国家」「地区」「民族地域」「アイデンティティ空間*（identitary）の境界」のなかに無理やり押し戻しても意味がない。あるいはまた、テレストリアルにテリトリーの闘争から身を引かせ、「グローバルなレベルへと移動」するよう促し、地球（Earth）の「全体」を俯瞰させようとしても意味がない。それより、これまでのスケールを、すなわち時間・空間的な近代の最前線《フロント》を転覆させることがテレストリアルの任務である。転覆を生む力は至るところで一気に作用する。ただ、その作用は統合をもたらすものではない。その作用は「政治的なもの」かといえばその通りだが、「国家統制的なもの」でもない。その作用は文字通り「大気的なもの」である。

*アイデンティティ空間とは、文化的地位や意味によって定義される空間。それは文化に固有の主観的符号化‐解読化を通して形成され、固定的・流動的要素、そして発話から構成される。

テレストリアルによる政治の再組織化とは、このきわめて実際的な意味を指す。つまり、居住場所（dwelling place）を構成するそれぞれの動的存在が、ローカルとは何か、グローバルとは何かを認識する**独自の**方法を備え、また自己と他者とのもつれた関係を定義する**独自の**方法を備えているということだ。

たとえば、CO_2は、都市交通システムのように空間配置されているわけではない。帯水層がローカルであることは、鳥インフルエンザがローカルであることとは意味が違う。抗生物質が世界をグローバルにした方向性は、イスラム過激派が世界をグローバルにした方向性とは異なる。[106] 都市が作る空間は、国家が作る空間とは違う。愛犬カイエンは、主人のダナ・ハラウェイ〔本書原注49〕が予想もしなかった方向に主人を誘う。[107*] そして、すでに見たように、石炭経済が生む闘争は、石油経済が生む闘争とは異なる〔本書九七頁〕。例はまだまだ続く。

*「犬は自然でもなければ文化でもなく、その両方であるわけでもなく、どちらでもないわけでもなく、何か他なるもの」である。犬との生活のなかで、それを理解しようとするとき自然／文化という近代の枠組みを離れて、私たちは「私たちでない他者」に向き合うことが可能になる。

テレストリアルを手に入れるには、グローバルもローカルも何の助けにもならない。そのことが今日、絶望が蔓延する理由である。広大でかつ狭小な問題群に対し、グローバルとローカルに一体何ができるというのか。実に落胆すべき状況なのである。

では何をすればよいのか。第一に、**これまでとは違う記述を作り出す**ことだ。地球（Earth）が私たちのために用意してくれたものをすべて調査し、目録を作る。それが「人間」であるなら一人ずつ、それが「モノ」であるなら一つの存在ごとに、一センチ一センチ測って詳細に記録を残す。記録を作らずして政治行動に訴えることなど、どうしてできようか。目録なしでも要領よく意見は述べられるはずだし、それなりにちゃんとしている世間的価値を守ることはできる――そうかもしれない。しかしそれだと、私たちの政治感情は虚空をむなしく攪拌するだけで終わる。

見えなくなった居住場所（dwelling place）を記述し直そう。そういう提案をしない政治はすべからく信頼できない。記述の段階を省いて前に進むことなどできない。〔記述抜きの〕予定表だけの提案はどんな政治的虚言よりも恥知らずなものだ。

もし政治の中身が枯渇し存在していないとすれば、それは底辺にいる人々の声なき声を政治のトップが一般的、抽象的な形でしか表象してこなかったことを意味する。底辺とトップに共通の物差しが存在しないそうした状態では、政治が代理機能を失ったと非難されても当然である。

しかしどのようにしたら動的存在（animate beings）それ自身の「依存」状況を正確に記述することができるのか。マイナスのグローバリゼーションはそうした記述の段階を事実上不可能にした――むしろ不可能にすることがマイナスのグローバリゼーションの中心的な目標だった。つまり、マイナスのグローバリゼーションの目標は、生産システムへの懸念の表明を不可能にし、抗議の根元を断ち切ることにあった。

「依存」状況を正確に記述していくには、鞄の中身を取り出す段階を設けることが重要だ。まず、地理‐社会的闘争が置かれている情景を表現していく。次にその表現を洗練させていく。それからようやく情景の再構成に取りかかる。どのように？――いつもと変わらない方法で。つまり、底辺から上に向かうボトムアップの方法で、調査を駆使して再構成を行うのである。

それを行うには居住場所を次のように定義づけねばならない――「居住場所とは、**生き残りのため**

に一個のテレストリアルが依存する場である」と。この定義のもとで、**その同じ場に依存する他のテレストリアルがどのような存在であるのか**を問うのだ。

このテリトリー＝居住場所が以前から存在する法的、空間的、管理的、地理的な実体と一致する可能性はかなり低い。それどころか、新たな居住場所の配置は、これまでの時間・空間のすべてのスケールを超えて進む。

一個のテレストリアルの居住場所を定義するとは、一個のテレストリアルが生存するための、必要条件のリストを作ることだ。場合によっては、一個のテレストリアルが自らの生命を賭けてでも**守らなければならないもの**のリストを作ることだ。それが一匹のオオカミ、一個のバクテリア、一つの企業、一区域の森林、一つの神、一世帯の家族でも変わらない。同じようにそれぞれのリストを作る。記述に必要な項目は、それぞれのテレストリアルの財産についてである——財産という言葉のすべての意味で言っている。個々のテレストリアルは何を所有していて、何に依存しているのか。依存の対象を失うことで、あるテレストリアルが消滅する可能性はどのくらいあるのか。そうしたことをすべて記述する。

リストを作ることはたしかに並大抵の仕事ではない。生産プロセスと発生プロセスのあいだに生じる矛盾がもっとも大きくなるのはこのときである。

生産システムの場合、リストの作成は簡単だ。そこでのリストは人間と資源から構成される。一方、発生システムの場合のリスト化はずっと難しい。リストを構成するのはエージェント〔行為能力〈事象を引き起こす能力〕を発揮する存在〕やアクター〔他に作用を及ぼしうる存在〕などの動的存在（animate beings）であり、それぞれが独自の軌跡と利害を持つからだ。

実際、テリトリーは一つのタイプのエージェントだけに開かれているとは限らない。テリトリーはあらゆる動的存在の全体に開かれている――遠くの動的存在と近くの動的存在を含めればそうだ。一個のテレストリアルが生存できるかどうかは動的存在がどれだけ居合わせているかにかかっている――だからそれらの動的存在がそれぞれのテレストリアルにとってどういった動的存在なのかを、調査、経験、習慣、そして文化を通して明らかにしていくことが課題となる。

要は個々のテレストリアルの生存を可能にする要素のすべてを悉皆的に探すことだ。それによってそれぞれの要素の等級（class）に関わる記述を広げていく。あなたは一個のテレストリアルとして誰（何）を一番大切に思うのか。誰（何）となら共に暮らしていけるのか。生存のために誰（何）があなたに依存しているのか。誰（何）に対して闘いを挑むのか。どうすればすべてのエージェントを、重要性の度合いに応じてランクづけできるのか。

こうした問いを投げかけて初めて私たちは自らの無知を自覚する。個々の調査研究を開始するたびに、〔近代が用意した生産システムからの〕返答の抽象性には驚かされる。これに対し、発生システムからの問いは、ジェンダー、人種、教育、食物、仕事、技術的イノベーション、宗教、レジャーについての問いをはじめとして、至るところに転がっている。もっとも問題も持ち上がる。マイナスのグローバリゼーションが私たちの視界を遮っていることだ。自分たちがなぜグローバリゼーションに帰依しているのか、その結果自分たちがどうなっていくのか、それが私たちには見えていない。だからすべてに対して不満を抱く。行動を起こせば状況も変わるはずだが、マイナスのグローバリゼーションにおいては行動力そのものが奪われた状態にあるのだ。

人々は口々に苦言を呈する——居住場所を記述し直すことなど不可能だろう、そんな政治地理学は無意味だ、テレストリアルなど端から存在しなかったのだ。

果たしてそうだろうか。フランス史における一つのエピソードが、そうした記述に取りかかる感覚を呼び覚ましてくれる。一七八九年の一月から五月にかけて実施された**苦情の台帳**づくりである。フランス革命の火ぶたが切られる同年七月、その直前の転換期に、人々は不平不満のリストを取りまとめ、それを土台にきわめて重要な問いを導き、政権交代の論議を成立させた——われわれに必要なのは君主政なのか共和政なのか。すべての記述を寄せ集め、そこから**総合化された問い**を生み出すこと、これが古典的概念としての政治の本来の意味である。この台帳づくりで注目すべきは、問いを生み出す**前段階**でそれが作成されたことだ。このときの政治状況は、いま私たちが向き合っている政治状況に通じる。計り知れないほど大きく、人々を茫然とさせる問いを、いま私たちは立てようとしている——資本主義に取って代わる体制を構築するにはどのような問いを立てればよいのか。

さて、当時のフランスは財政危機と天災不安のなかにあり、台帳づくりは窮地に陥った国王の要請を受けてわずか数カ月で進められた。三つの身分（聖職者、貴族、平民）はもちろんのこと、フランスのすべての村落、都市、企業がそれに加わり、生活環境を記述する事業に携わった。そこでは法令、土地区画、特権、税金等の一つひとつが詳細かつ正確に記述された。[108]

もっとも、今日とは異なり、誰がどんな特権を持つかを明らかにする作業は、人々同士の日常的な接触が可能だったために、それほど難しくはなかった。記述は今日よりも遥かに容易だった。テリトリー内での生き残り策を細かく調べることができた。もちろんここでいう生き残り策とは、飢餓対策という字句通りの意味での対策である。

それにしても何たる偉業だろうか。フランスの学校の生徒たちは、いまでもバスティーユ牢獄の襲撃やヴァルミーの戦いといった革命時の出来事をわくわくした思いで聴く。しかし傾聴すべきは戦いの話だけではなかった。当時の記録、苦情の**地理学**もまた同様に、独創的な偉業として私たちの心に刻まれるべきものなのだ。無能呼ばわりされてきた人々がテリトリー的葛藤について、自らの主張のために立ち上がったのである。このことは、彼らがテリトリー改革を強く求めていたことを証明する。もちろん、そうした行動が実践できたのは、全体的危機を乗り超えるべく印刷された数々の手引書からの刺激もあったろう。しかしたった数カ月でその偉業を成し遂げたのだ。「人として生きる能力」と「自分の居住場所を記述する能力」はコインの裏表である——この能力こそ、まさにマイナスのグローバリゼーションによって私たちが見失ったものである。今日、ボディーポリティック（政治的統一体）が存在しないように見えるのは、テリトリー（の記述）が欠落しているからに他ならない。

フランス革命前夜のこのエピソードは、私たちが同様の記述に再挑戦するときの型枠的働きをするだろう。居住場所の記述をボトムアップで行うときの型枠だ。少なくともフランスでは一七八九年以降、再挑戦は一度もなされていない。あの詳細さ、正確さでもって、政治が物質的危機について語ったことはその後一度もない。だから、もしそれが再び行われたならどれほど感動的だろう。いまそれは可能だろうか。先人たちと比べ、私たちの能力、すなわち自分たちの利害、要求、不満を記述する能力は向上しているだろうか、それとも低下しているだろうか。

間違いなく低下している。いま政治がその内容のすべてを失ってしまったかのように見えるのはそのためである。だとすれば、もう一度最初からやり直すことなどもはや不可能とさえ思えてくる。グローバリゼーションは世界中のあちこちで穴を掘り続けてきた。だから愛着を見つけること自体が非常に難しくなっている。それは確かだろう。それでも、あのときのように記述することは決して不可能ではない。

もし、第2のアトラクター（グローバルのアトラクター）の消失が（人間のみならず）すべてのテレストリアルの生存可能性を奪うとすれば、私たちはすべての動的存在に代わって、最優先で居住場所の記述を開始しなければならない。ともかく、実験的に行うだけでも意味がある。

最近の状況において衝撃的なのは、収奪に苦しんでいる人々が完全に行く先を見失ったと感じていることだ。彼らは自分自身について、また自分たちの利害についてうまく表現することができない。またさらに衝撃的なのは、誰もが彼らと同じような状態に陥っていることだ——移動する人々も移動しない人々も、移住する人々も移住しない人々も、「現地民」と自らを呼ぶ人々も部外者のように自らを感じている人々も、誰もがみな、持続的に居住できる土地を足元に持てず、どこかに避難地を求めている人のように振る舞っている。

懸案は、第3のアトラクター（テレストリアルのアトラクター）の登場について記述し、政治行為に意味と方向性を与えることだ。世界秩序と呼ばれるこれまでの枠組みは崩壊へと向かっている。ローカルへと向かう一目散の大逃走劇も開始されようとしている。そうした状況が招く大惨事を未然に防がなくてはならない。これまでとはまったく別の、世界秩序らしき新たな秩序を築くには、何よりも状況調査に基づく記述を丹念に続け、シェアが可能な世界像を何とか描き出すことから始めなければならない。

二〇一八年半ばのいま、傍観者だった人々が、あるいは少なくとも状況にいくらかでも関心を持ち始めた人々が、苦悩をあからさまにしながら警戒を強めている。一九一四年八月〔第一次大戦勃発。ヨーロッパ列強が次々と参戦〕の再来（国家の自殺行為）を、私たちは未然に防ぐことができるのか――今回はヨーロッパだけの問題ではなく、世界規模の問題に発展している。一九一四年には深刻な不況のもとで、どの国も戦争という自殺行為に一目散に飛び込んでいった。しかも興奮と喜びを同伴させながら。

しかし第一次大戦においては、最終的には米国の助けを当てにする形で終結へと向かわせることができた。今回はそれが期待できない。

20

旧大陸を個人として弁護する

状況調査の記述を再開しよう！――そういう呼びかけを自分でしておきながら、私自身が自己紹介もしないのでは厚顔無恥もいいところだ。

私は一介の学者で、出身はフランス中東部のボーヌ、ブルゴーニュ地方のブルジョワ階級出の家系である。ベビーブームの一九四七年に生まれた。したがってまさに「グレートアクセレレーション」（大加速）社会と同時代を生きてきた世代、（プラスとマイナスの）グローバリゼーションから大いに恩恵を受けてきた世代である。ワイン商の家系のおかげで一区画の土地を受け継いだことも記述しておかなければならない――ブルゴーニュ地方産のワインで、ガリア人の時代から世界中と取引をしてきた。つまり早くからグローバル化している。間違いなく私は特権階級である。読者が私の出自を聞いて、地理‐社会的葛藤について語る権利などないと結論してもらってももちろん構わない。

しかし私は、私を縛っている多くの帰属関係のうち、次の二つは正確に記述するつもりだ。一つはクリティカルゾーンに関するもの。これは目下の私の研究対象で、具体的内容については後日出版予定の書物のなかで記述する。[109] もう一つについては、次の省察を付すことにしたい。それをもって小著を締めくくるつもりである。

「着陸する」とは、必然的にどこか特定の場所に降り立つことだ。これから述べることは、きわめてリスクの高い外交上の交渉の序章として受け取ってもらいたい。交渉は、私が共に居住したいと願っている相手とのものだ。私の場合、地球に降り立ちたいとするその場所は、ヨーロッパという場所である。

ヨーロッパ、この旧大陸は、英国がEU離脱《ブレグジット》を決めてから、また新大陸がトランプ大統領のせいで「一九五〇年代を理想とする近代」に凝り固まり始めてから、その地理政治を変え始めた。

私が向かいたいのは、多少の躊躇を込めて私が**ヨーロッパの祖国**と呼ぶ場所である。ヨーロッパだけなのか。その通り。なぜなら、ヨーロッパ自身の歴史の糸を手繰り寄せることができるのはヨーロッパだけであるからだ。しかも、ヨーロッパは一九一四年八月を駆け抜け、非ヨーロッパ世界を戦争に引きずり込んだのだ。まさにそうした理由から、ヨーロッパは目下のグローバリゼーションに立ち向かい、国境や民族自治区境界への回帰の動きに立ち向かうことができる。

システムとして見たとき、ヨーロッパの欠点はその長所にもなる。つまり、単に生産システムとしての問題ではなく発生システムの問題がこれに加わるとき、この旧大陸は利点となることはあっても、決して欠点とはならない。発生システムの問題は、私たちにあらためて「子孫への継承」という問題に取り組ませてくれるだけでなく、「私たちは近代を通り抜けて**現代**に至ったのだ」という希望を私たちに与えてくれる。

ヨーロッパは官僚主義的と形容される。法規制のヨーロッパ、目的のためには手段を選ばないヨーロッパ、「〔EU本部のある〕ブリュッセルの」ヨーロッパである。しかしEUは、法規制を通した発明品にすぎないとしても、国民国家だけが人々の安全を守るという、いま再び広く流布し始めている考え方に対してはもっとも興味深い反論のひとつを提供することができる。人々に安全を提供できるのは国民国家だけとは限らない、EUもそれが可能だという主張だ。

これまでEUは、膨大な量の修繕作業を施すことで、多様な国家間の利害を重ね合わせ、織り込み、それを無数のやり方で物質化することに成功してきた。これを成し遂げたのが法規制である。EUの法規制はエコシステムの複雑さを体現している。エコシステムが道案内をしてくれたおかげだと言ってもよい。生態学的大転換はあらゆる国境を越えて進むから、この大転換にアプローチするにはまさにEUの経験がうってつけなのである。

EU離脱《ブレクジット》を決めた英国が現在遭遇している困難は、EU建設がいかに独創的であったかを示している。EUは、国境という通過制限の境界が描き出す国家主権の概念を複雑化することに成功しているからだ。ここで一つの仮定に対する答えを出すことができる。もし国民国家というものが長きにわたり、伝統的な帰属関係から距離を取らせる近代化のベクトル上で機能し続けてきたとすれば、それはもはやローカルのもう一つの名前でしかないということだ。それは居住可能な世界の名称ではない。大陸としてのヨーロッパは、これまで自民族中心主義という罪を犯し、全世界を支配しようとしてきた。それが事実なら、「プロヴィンス化」（領域の限定化）を行って元のサイズに戻さなくてはならない。[110] このプロヴィンス化が今日のEUの欠点を救うだろう。

かつてペーター・スローターダイク＊は、ヨーロッパは帝国への道を完全に放棄した国家集団だと述べた。一方、英国のEU離脱の支持者、トランプ大統領を支持する有権者、そしてトルコ人、中国人、ロシア人など、今日でもいまだ帝国の支配という夢を抱き続けている人々がいる。彼らをすべて許すことにしよう。[111] 彼らがあるテリトリーを地理的な意味でどんなに支配したいと望んでいるとしても、いまヨーロッパに地球（Earth）を支配するチャンスがないように、彼らにもそのチャンスは回ってこない。それをヨーロッパはよく心得ている。支配されているのはむしろ私たちの方だ。つまり、地球に支配されている点でヨーロッパも彼らも同じなのである。

＊一九四七－。ドイツ・カールスルーエ出身の哲学者。カルチュラル・スタディーズを専門とする社会学者。霊魂と肉体、主体と客体、文化と自然といった二元論を否定する。「誤解」に基づいて別個のものとされてきた様々な要素群の統合を目指し、人間、動物、植物、機械といったあらゆる存在を内包する「存在論的なる構成体」の創生を提言している。

ヨーロッパはグローバル空間の保持というものがいかに儚いものであるかを知っている。いや、いまやヨーロッパは世界秩序の決定役を担える存在とは言いがたい。しかし、居住可能な土地を再発見するためのよき方法については提示することができる。

そもそもグローブ（the Globe）を創案したと宣言したのは、たしかにヨーロッパだ。ここでのグローブとは、地図製作の道具を使って把握できる空間〔地球儀的空間〕のことを言っている。その座標システムは強力すぎるほど強力で、それによって多様な生活形態を記録、保護、貯蔵することができた。それは共有世界の最初の表現だった。もちろんそれは単一的で、自民族中心主義的で、客観主義的なものだったが、しかし一方では、共有のものだったことも確かだ。

過度に地図製作的な、過度に統合的なこうした世界の見方に対しては、私を含め多くの人々が反対意見を述べてきた。しかしこの見方があったおかげで、外交努力を復活させる最初の枠組み〔EUの前身であるEECやECを指す〕を検討することもできた。

もっとも、指のあいだからグローブがこぼれ落ちるのをその後のヨーロッパは押しとどめることができなかった。グローブがグローバルに変わるのを食い止めることができなかった。そのことが現在のヨーロッパに特別な責任を負わせる。自ら創案したグローブのプロジェクトを「脱グローバル化」し、グローブのかつての信頼性、誠実性を取り戻すことができるかどうかはすべてヨーロッパにかかっている。あらゆる事情を考慮してもなお、国民国家の主権を定義し直すのはヨーロッパの仕事だろう。国民国家の主権モデルはヨーロッパが作ったのだから。

世界を「支配」できると信じていたときのヨーロッパはたしかに危険な存在だったが、現在のヨーロッパは縮小し、小ネズミのように歴史から身を隠そうとしている。そうであればこれまでのような危険な存在にはならない。それでもヨーロッパは、**思い起こす**という天職を決して捨て去ってはならないだろう。ここで言う「思い起こす」とは、この言葉の持つすべての意味を含んでいる。ヨーロッパは自身が発明した近代の形態を「思い起こさなければならない」。ヨーロッパが犯した罪がまさにそれを要求するのだ。狭量であることはヨーロッパの選択肢ではない。

ヨーロッパの罪のうちもっとも重大だったもの、それは世界の様々な場所、テリトリー、国家、文化の内部に自分自身の地位を打ち立てられると思い込んだことである。「文明化」は避けられないという口実のもと、先住民族を排除し、彼らの生活様式を自分たちの生活様式に強制的に置き換えた。知っての通りこの罪こそが、科学的イメージ、科学形態としてのグローブを生み出したことは間違いない。

しかし罪もまたヨーロッパの長所の一つなのである。その罪こそが戦後のヨーロッパを**無知**の世界から永久に解放したのだ。第二次大戦が終結するまでの無知のヨーロッパは、過去の歩みと関係を断つことで、あるいは歴史のすべてから逃れることで新しい別の歴史を作り出せると考えていた。大戦後のヨーロッパはこの偏った考え方から自らを解放することができた。

解放後の最初の統一ヨーロッパ〔EECやEC〕は、石炭、鉄、鉄鋼を基盤にして底辺から築き上げられた。第二の統一ヨーロッパ〔これからのEU〕**もまた**、比較的安定した土壌〔soli〕が育む質素な資源を用いて**底辺から築き上げられる**。最初の統一ヨーロッパは数百万という「戦災避難民」に共通の家を提供するために作られた。大戦が終結したとき、そうした道が謳われた。今日の第二の統一ヨーロッパは、避難民〔移民〕のために避難民〔移民〕の手によって作られる共通の家である。

近代化によって押し広げられた深淵を、ヨーロッパはいま一度再考しようとしている。そうでもしなければヨーロッパは存在意義を失うだろう。これこそ、**再帰的**[112]近代化という概念に与えられる最上の意味である。

ともかく、グローバリゼーションの反動によって、再帰性のこのもう一つの意味がヨーロッパに追加されることになった。過去の歴史からヨーロッパは逃れられないということである。もしその再帰性が忘れ去られそうになったなら、避難民〔＝移民〕がそれを思い出させてくれるだろう。

それでもヨーロッパの知ったかぶりな人々はしきりに憤慨する。「どうしてこれほどまでに多くの人々がヨーロッパの境界内にやって来て移住するようになったのか。軽々しくも『私たちの空間』に居を定め、『くつろいだり』している」——移民反対論者はずっと以前からそう考えていたに違いない。「新大陸発見」以前から、植民地化の以前から、植民地解放の以前から。しかしながら、そうした大移動（Great Replacement）を恐れていたいかなる集団も、自ら「処女地」に出かけて行って現地の生活様式を自分たちの生活様式で置き換えるようなことは毛頭すべきではなかった。

ヨーロッパにとっての現状は、潜在的移民と百年契約を結んだに等しい。私〔＝ヨーロッパ〕はあなたの許しを得ずにあなたの土地に入った。あなたも私の許しを得ずに私の土地に入るだろう。それはギブ・アンド・テイクの関係だ。それ以外の道はない。ヨーロッパはすべての民族の土地を侵略した。今度は、すべての民族がヨーロッパにやって来る番だ。

その上ヨーロッパは、他のテレストリアル、すなわち大地、地球を構成する人間以外の様々なアクター〔他に作用を及ぼしうる存在〕とも「協定」を結ぶことになった。彼らもまたヨーロッパの境界内に押し寄せ始めている。海水面の上昇。河川の渇水と氾濫。森林は気候変動に呑み込まれないようできるだけ早急な移動（移植）を余儀なくされている。微生物や寄生生物もまた大移動を強く求めている。私たちヨーロッパは招かれもしないのにあなた方のもとを訪れた。今度は、あなた方テレストリアルが招きもしないのに来る番だ。私たちヨーロッパはすべての資源から利益を得てきた。今度は、資源がアクターと化し、バーナム森*よろしく、かつて自分〔＝資源〕のものであったそれを取り返し始める番である。

*スコットランドのバーナムの近隣の森。シェークスピアの戯『マクベス』に出てくる。マクベスの敵軍がこの森を超えて進軍してきた。敵軍の兵士一人ひとりが枝を切りそれに身を隠して進軍してきたので、森が動いているように見えた。マクベスはその「森」によって倒される。

今日的な三つの難問が部分的に集中する場、それがヨーロッパというテリトリーである。マイナスのグローバリゼーションからどのように脱すればよいのか。人間行動に対する地球（earth）システムの応答を真剣に受けとめるにはどうすればよいのか。そして避難民を受け入れるにはどうすればよいのか。

このことはヨーロッパ以外の地域がその難問から逃れられることを意味しているわけではないが、ヨーロッパはその歴史ゆえに、最初に火中に飛び込まなければならない。責任を負う第一の存在だからだ。

しかしそれはどのヨーロッパなのか。ヨーロッパ人とは一体誰なのか。ヨーロッパには「居住場所」(dwelling place)という申し分ない表現を与えることができるが、その「居住場所」としてのヨーロッパに、「魂のない」官僚装置としてのヨーロッパをいかにうまく参加させていけばよいのか。

魂のないヨーロッパ？　何たる誤解だろう。ヨーロッパには何ダースもの言語が生きている。難民の保護施設に住む人々を勘定に入れれば、何千もの言語になる。北から南、そして東から西まで、ヨーロッパには何百という異なる生態系が息づいている。土地の隅々に至るすべての街角には戦争の痕跡がいまも残る。その痕跡がそこに居住するすべての他者を結びつけている。ヨーロッパはいくつもの都市を持つ。どんな都市か。善美を尽くした都市である。ヨーロッパはそうした都市の群島だ。一つひとつの都市を見れば、その地での生活を希望し、あらゆるところからやって来た人々の気持ちがわかる。たとえ都市の周辺に住もうと、その気持ちは同じである。

ヨーロッパは主権国家が持つ制限と恩恵の両面性を様々な方法で接合させ、主権の意味を解き明かしてきた。何世紀ものあいだ、民主主義のパンを味わい続けてきた。ヨーロッパは自身を世界と見紛うことのないほど十分に小さい。しかしヨーロッパはまた、自分を小さな地域に制限しえないほど十分に大きい。ヨーロッパは豊かである。信じられないほど豊かだ。徹底的な破壊を免れた土地はその豊かさを保証する。知っての通り、ヨーロッパは他者の土地を侵略し、略奪を繰り返してきた。そのことがヨーロッパの豊かさを部分的に作り出してきたことも忘れてはならない。

にわかには信じられないかもしれないが、ヨーロッパは昔ながらの田舎、景観、行政を保持するこ

20

とに成功している。いくつかの福祉国家さえまだ生き続けている。

その上で、ヨーロッパの利点はその悪行にも起因する。ヨーロッパが生み出した経済学は地球〔planet〕全体にまで広がった。その拡張ゆえにヨーロッパは、逆に経済化現象の毒に集中的に冒されるのを免れた。経済化とは近代化に似ている。経済化が生み出すのは輸出の毒である。ヨーロッパは知らぬ間に作用する解毒剤のおかげで、自らを守ることに半ば成功したのである。

テレストリアルとしてのヨーロッパ。その境界が明らかではない？　それが終わるところはどこなのか？　ここで始まりここで終わるテレストリアル的有機体とは一体どのような存在なのか？　そんなものは存在しない。しかし、ヨーロッパもそれ特有の在り方を生み出すことができる。すべてのテレストリアルがそれ特有のグローバルの在り方を生み出すように。

他者の文化は私たちヨーロッパのことを「退廃」と呼び、自らの文化の様式をヨーロッパに対置させる。さあ、他者の文化に彼らの長所を披露してもらおう。彼らのある部分は民主主義という形態を持たずに政治を成り立たせている。彼らに私たちを判断してもらおう。

そうであってこそヨーロッパだ。ヨーロッパは歴史の糸を一本ずつ手繰り寄せ始めている。かつてヨーロッパは世界全体とイコールの関係になりたかった。そのため最初の自殺未遂を図った〔第一次大戦〕。続けてもう一回〔第二次大戦〕――このときは完遂寸前までいった。それから後は、米国の傘下に避難すれば歴史から逃走できるだろうと考えた。この傘は、原子力はもちろん、倫理にも支えられてきたものだが、いまは折り畳まれている。ヨーロッパは現在、一人残され、保護者を持たない。

ヨーロッパにとってはいまがまさに、歴史を支配する夢想を捨て、歴史に再び登場する好機である。ヨーロッパは田舎なのか？　その通り。それこそ私たちヨーロッパに必要なものだ。ローカルらしい実験ができるからだ。田舎における実験。近代化**以後の**地球（earth）に居住するとはどういうことかを明らかにする実験。その実験を、近代化によって強制退去させられた人々と**共に**行う。

近代ヨーロッパはその歴史の創成期に普遍性を問題にした。いま再度、普遍性の問いを投げかけることができる。今回のヨーロッパは、自らの偏見をいきなり他者に押しつけたりはしない。今日の普遍性は、近代化がもたらした廃墟のなかで「居住場所」を探し求めながら提起されるものだ。今日の状況に苦悩に満ちた眼差しを向けながら、新たな共有基盤の上で普遍性の問題を再度取り上げる。そうした旧大陸の姿に勝るものがあるだろうか。

結局、予期せぬ野蛮への回帰が起きているいま、ヨーロッパは共有世界とは何かという問題に立ち戻っている。それは古い「西洋」を構成してきた人々に、世界秩序の構築というこれまでの考え方を放棄する機会を与えている。考えてみれば、こうした動きはヨーロッパの古い歴史のさらなる肯定版ではないだろうか。

これからのヨーロッパは、かつてグローブとして捉えたいと願ってきた地球（Earth）をテレストリアルとして位置づけねばならない。それは**これまでのヨーロッパが決して享受することのなかったもう一つのチャンス**である。このことは、生態的大変動の歴史にもっとも大きな責任を負うヨーロッパが、世界の一地域として行動する最適の機会を与えられていることを意味する。こうして一つの弱点がまた利点に変わる。

降り立つ地（ground）を探すすべての人々にとって、ヨーロッパは一つの故国になる。そのことに誰が疑いを差し挟めよう。「ヨーロッパ人とは、ヨーロッパ人になりたいと願うすべての人のことである」。私はこの言葉が自慢である。すべての襞と継ぎ目を含め、私はヨーロッパを自慢に思う。ヨーロッパが私自身の故国と呼べるようになることを切に願う。そして彼ら避難民〔＝移民〕にとっても避難地になることを切に願う。

さあ、これで終わりだ。あなたが望むなら、今度はあなたが自己紹介をする番だ。どこに降り立ちたいのか、どのような存在となら「居住場所」を共有できるのか、そこのところを少し聞かせてほしい。

« 1995 »).

112　再帰的（reflexive）という用語はUlrich Beck, Anthony Giddens, and Scott Lash, *Reflexive Modernization: Politics, Tradition and Aesthetics in the Modern Social Order* (Stanford, CA: Stanford University Press, 1994)で導入されたが、意味は、ここでの意味とは異なる〔ウルリッヒ・ベック（ドイツの社会学者）やアンソニー・ギデンス（英国の社会学者）らは、対象世界と自己の二元論を前提にした上で、自然や対象世界の近代化を果たした後に自己の近代化が行われることを“再帰性”と定義し、それが現代社会の特徴だと議論した。これに対し、ここでのラトゥールは、ヨーロッパ自身が作り出した「近代」を思い起こすことこそ本来の意味での再帰性だと見なしている〕。

113　トランプ大統領がパリ協定の離脱方針を公言した2017年５月28日に、ドイツのアンゲラ・メルケル首相はこう述べた。「私たちヨーロッパ人は私たちの運命を引き受けなければならない」。

103 典型例はアンナ・シボジンスカ〔英国の社会学者、地理学者〕が作ったSoil Care Network の成功。https://www.soilcarenetwork.com.

104 Marie Cornu, Fabienne Orsi, and Judith Rochfeld, eds., *Dictionnaire des biens communs* (Paris: PUF, 2017) を参照せよ。

105 ここで述べている反ズーム的立場はアクターネットワーク論の本質的側面でもある〔アクターネットワーク論は、大きなコンテクスト（グローバル）のなかに小さなコンテクスト（ローカル）が入れ子状になっているとは考えないので、グーグルアースは間違った印象を人々の与えると見なす〕。Valérie November, Eduardo Camacho-Hübner, and Bruno Latour, "Entering a Risky Territory: Space in the Age of Digital Navigation," *Environment and Planning D: Society and Space* 28 (2010), pp. 581-599を参照せよ。

106 Hannah Landecker, "Antibiotic Resistance and the Biology of History," *Body and Society* (2015), pp.1-34を参照せよ。この驚くべき記事の存在に気づかせてくれたシャロット・ブリーブ〔フランスの科学社会学、医療人類学の学者〕に感謝する〔感染症を制御する目的で作られた抗生物質を大量使用した結果、耐性菌が増えた。そうした問題に対処するために抗生物質の生産・利用法を考える政治団体などが誕生し活動するようになっている。人間がある意図をもって作り出すテクノロジーに対して生命圏が人間の意図を覆すような思わぬ生命現象を返してくる。それをコントロールするためにまた新たなテクノロジーが必要になるし、政治活動も生まれる。21世紀は新たな生政治の時代なのである〕。

107 ダナ・ハラウェイ『伴侶種宣言――犬と人の「重要な他者性」』(永野文香訳、以文社、2013 « 2003 »)。

108 Philippe Grateau, *Les Cahiers de doléances: Une lecture culturelle* (Rennes: Presses Universitaires de Rennes, 2001) を参照せよ。

109 拙論 "Some Advantages of the Notion of 'Critical Zone' for Geopolitics," special issue, "Geochemistry of the Earth's Surface, GES-10, Paris, France, 18-23 August, 2014," *Procedia Earth and Planetary Science* 10 (2014): pp.3-6.

110 Dipesh Chakrabarty, *Provincializing Europe: Postcolonial Thought and Historical Difference* (Princeton, NJ: Princeton University Press, 2008 « 2000 »).

111 Peter Sloterdijk, *Si l'Europe s'éveille* (Paris: Mille et une nuits, 2003

95 こうしてある意味では、モンテスキューが理解した「法」という古い用語に立ち戻る。彼はそれを「気候」という概念にはっきりと結びつけた。この用語は、「新気候体制」の出現まで長いあいだ誤解されてきた。いま、いわば「自然法の精神」とでもいった対象について私たちは記述する必要が出てきた。この解釈はジェラール・デ・ヴリース〔オランダの哲学者〕のモンテスキュー解釈に負っている。

96 それゆえに、2017年7月14日にフランス軍がシャンゼリゼ通りでパレードを行ったとき、マクロン大統領とトランプ大統領がともに敬礼した姿は不気味なものに映った。

97 ブルーノ・レヴィ制作、シリル・ディオン〔フランスのエコロジスト〕とメラニー・ロラン〔フランスの女優、映画監督〕の共同監督による環境問題ドキュメンタリー映画「ＴＯＭＯＲＲＯＷ パーマネントライフを探して」〔原題 Demain、2015年公開〕を観賞後、多くの人々が実践したように。https://www.tomorrow-documentary.com

98 前掲 Comité Invisible（隠れた委員会）, *Maintenant* はキリスト教の精神性が随所に見られ革新的ではあるが、同時に異様でもある。デモを先導するにあたり、「警官を何人か殴りつける」という実際的結果以上のものは何も提供できていない。

99 興味深いことに、アントニオ・ネグリ／マイケル・ハート『〈帝国〉——グローバル化の世界秩序とマルチチュードの可能性』（水嶋一憲・酒井隆史・浜邦彦・吉田俊実訳、以文社、2003 « 2000 » ）はアッシジの聖フランチェスコ〔1181(82) − 1226。イタリアの聖人〕を称賛することで終わっている。それを読者は思い出すかもしれない。

100 Starhawk, *Parcours d'une altermondialiste: De Seattle aux Twin Towers,* trans. Isabelle Stengers and Édith Rubenstein (Paris: Les Empêcheurs de penser en rond, 2004) を参照せよ。

101 マルク・ロベール〔フランスの化学者〕と彼のグループの壮大なプロジェクトに投資すること。Heng Rao, Luciana C. Schmidt, Julien Bonin, and Marc Robert の論文 "Visible-Light-Driven Methane Formation from CO_2 with a Molecular Iron Catalyst," *Nature* 548 (2017), pp.74-77を参照せよ。

102 Baptiste Morizot, *Les Diplomates: Cohabiter avec les loups sur une nouvelle carte du vivant* (Marseille: Éditions Wildproject, 2016) にプロジェクトの概略が描かれている。

Fabrique, 2017), p.127。

86　Will Steffens, et al., "Planetary Boundaries : Guiding Human Development on a Changing Planet," *Science Express*, 2015を参照せよ。

87　米国共和党による根拠なき主張によると、気候科学の主張は米国を支配しようとする社会主義か中国の陰謀である。この作り話に、「新たな権威」の姿がきわめてはっきりと描き出されている。「新たな権威」は意図的なやり方で地理歴史に直接影響するということである。このことは、「もう一つの現実」の支持者が、様々な事象を差し引いたとしても、かなりの正確さをもって、直面している現実を特定できることを示している。

88　前掲 Clive Hamilton, *Defiant Earth* は人間中心主義への必然的な回帰という重要な問いを提起した。

89　前掲 Donna Haraway, *Staying with the Trouble*, p.55で提案されている。

90　森林、腸内細菌、チンパンジー、キノコ、土壌…、これほどの幅を持つ存在のエージェンシー〔行為能力、事象を引き起こす能力〕を明らかにする研究が成功していることは、「アクター」の定義が従来とは大きく変わっていることを立証する。こうしたパラダイムの転換についての詳細は Vinciane Despret の著作のなかでもとくに *What Would Animals Say If We Asked the Right Questions?* Trans. Brett Buchanan (Minneapolis, MN: University of Minnesota Press, 2016 « 2012 ») を参照されたい。

91　だからこそアルフレッド・ホワイトヘッド〔1861〜1947。英国の哲学者、数学者〕が発展させ、Isabelle Stengers, *Thinking with Whitehead: A Free and Wild Creation of Concepts*, trans. Michael Chase (Cambridge, MA: Harvard University Press, 2011 « 2002 ») のなかで再度光を当てた、有機体の哲学が重要なのだ。

92　**生命の地点**という用語（フランス語で Point de vie）は Emanuele Coccia, *La vie des plantes: Une métaphysique du mélange* (Pairs: Payot, 2016) のなかで提案している。

93　Michael Callon, *L'Emprise des marchés: Comprendre leur fonctionnement pour pouvoir les changer* (Paris: La Découverte, 2017) を参照せよ。この本は彼の前著 *Laws of the Market* (Oxford: Blackwell, 1988) を発展させたものだ。

94　前掲ポランニー『［新訳］大転換』175－176頁。

Knopf, 2015) を参照せよ。

80 テレポーテーション〔物体の念力によ移動〕を比喩的に使ったこのシナリオは、Déborah Danowski and Eduardo Viveiros de Castro, *The Ends of the World*, trans. Rodrigo Nunes (Cambridge, UK: Polity, 2016) のなかで提案している調査と合わせて検討されている。

81 この用語は、地球科学の研究者ネットワークが使用している。これまで別個に行われていたいくつもの学問の成果を集合させることで、設備の整った場所——しばしば貯水池の集水地域のなか——を比較するために用いられた（http://criticalzone.org/national/）。単数形のクリティカルゾーンという用語は地球表層の薄い膜を指し、そこでは生命が地球（earth）の大気と地質に大きな変更を加えている。大気圏外や地殻の深層と比較すると大いなる違いがある。Susan L.Brantley et al., "Designing a Network of Critical Zone Observatories to Explore the Living Skin of the Terrestrial Earth," *Earth Surface Dynamics* 5 (2017), pp.841-860を参照せよ。

82 イザベル・ステンガー〔ベルギーの哲学者、科学哲学・科学史研究で著名〕の主要な仕事は、諸科学の重要性を削がないようにしながら、それらの資格をスローダウンさせていくことだ。彼女はそれを「文明化」と呼んでいる。Isabelle Stengers の近著 *In Catastrophic Times: Resisting the Coming Barbarism*, trans. Andrew Goffey (London: Open Humanities Press, 2015) を参照せよ。

83 具体例には事欠かない。ただしとくに Charles D. Keeling, "Rewards and Penalties of Recording the Earth," *Annual Review of Energy and Environment* 23 (1998), pp.25-82および Michael E. Mann, *The Hockey Stick and the Climate Wars: Dispatches from the Front Lines* (New York: Columbia University Press, 2013) を参照されたい。

84 積極的な無知の生産という考え方は、たばこ産業の販売戦略によって広く知られるようになった。Robert Proctor, *Golden Holocaust: Origins of the Cigarette Catastrophe and the Case for Abolition* (Berkeley: CA: University of California Press, 2011) を参照されたい。

85 「共産主義の問いはこれまで間違って組み立てられてきた。最初に社会的問いとして提示されたからだ。つまり、厳密な人間についての問いとされたからだ。だがこの提案によって世界の混乱が止むことはなかった」。Comité Invisible（隠れた委員会）, *Maintenant* (Paris: La

を参照せよ。

72 移民によって引き起こされるリスクに関する反動思想側の妄想。移民とは、異地性〔「岩石、化石、鉱物などが発見された場所とは異なる場所で形成された」に起源を発する概念〕の集団がやって来て、「生まれつき」の原地性〔「岩石、化石、鉱物などが発見された場所で生まれた（原産）」に起源を発する概念〕の集団に置き換わることである。すべてのよくある妄想と同じで、この妄想ももう一つの現象、もう一つの大いなる置換、すなわち土地の変更を象徴し、土地の変更に取って代わる。

73 地図製作のおかげで、惑星とテレストリアルとの対比を可視化する作業に傾注できる。Frédérique Aït-Touati, Alexandra Arènes, and Axelle Grégoire, *Terra Forma* によって行われたプロジェクトがよい例だ。http://cargocollective.com/etherrestrategiclandscape/TERRA-FORMA を参照せよ。

74 デスコラの前掲書 *Beyond Nature and Culture* に出てくる、第二の、それほどよく知られていない関係様式についての記述、とくに生産についての記述は重要である。

75 注目点が突如転換したことで、私たちは Nastasja Martin, *Les Âmes sauvages: Face à l'Occident, la résistance d'un people d'Alaska* (Paris: La Découverte, 2016) あるいは前掲アナ・チンの名著『マツタケ——不確定な時代を生きる術』を貪るように読むようになった。

76 Sébastien Dutreuil, "Gaïa: Hypothèse, programme de recherche pour le système terre, or philosophie de la nature?" (Thèse de doctorat, Université de Paris-I, 2016) を参照されたい。前掲拙著 *Facing Gaia* および前掲 Timothy Lenton, *Earth System Science* も参照せよ。

77 ジェームス・ラブロック『ガイアの時代——地球生命圏の進化』（星川淳［スワミ・プレム・プラブッダ］訳、工作舎1989 « 1988 » ）。

78 この点に関する突っ込んだ議論は拙論 "Why Gaia is not a God of Totality," special issue, "Geosocial Formations and the Anthropocene," *Theory, Culture and Society* 34.2-3(2017), pp.61-82にある。

79 アレクサンダー・フォン・フンボルト〔1769-1859。ドイツの博物学者、探検家、地理学者。近代地理学の金字塔、『コスモス』（1845－47）を著す。近代地理学の祖〕からの贈り物は、従来とは異なる地球科学へとシフトするための一つの兆候だった。Andrea Wulf のベストセラー *The Invention of Nature: Alexander von Humboldt's New World* (New York:

かで経済の科学は無制限な未来を生み出す方法を見つけ出す。

63 孫世代に自分たちよりも人口の少ない世界を残すこと。自分たち世代が第六次生物大絶滅を引き起こしているのを承知しながら生きること。これらはエコロジー問題を悲劇へと変えてしまう最大の問題群である。

64 この用語はエトムント・フッサール〔1859-1938。オーストリアの哲学者、数学者。現象学を提唱〕が導入した。無限の宇宙という主題は古典的作品 Alexandre Koyré, *From the Closed World to the Infinite Universe* (Baltimore, MD: Johns Hopkins University Press, 1957) まで遡る。

65 Dominique Pestre が編纂した、意欲的な3冊本のシリーズ *L'histoire des sciences et des savoirs* (Paris: Seuil, 2015) を参照せよ。同書は、普遍性を生み出した要因を歴史化することに成功している。とくにそれを地理的に位置づけることに成功している。

66 Isabelle Stengers, *The Invention of Modern Science,* trans. Daniel L. Smith (Minneapolis, MN: University of Minnesota Press, 2000 « 1993 ») を参照されたい。

67 Isabelle Stengers, *La vierge et le neutrino* (Paris: Les Empêcheurs de penser en rond, 2005) を参照せよ。とくに補遺を参照されたい。

68 矛盾は機械が決して機械論の原則に従わないということである。機械論は一種の理想主義である。Gilbert Simondon, *On the Mode of Existence of Technical Objects,* trans. Cecile Malaspina and John Rogove (Minneapolis, MN: Univocal Publishing, 2017 « 1958 ») のなかでこの主題が展開されている。機械が機械論的に作られていないことは拙著 *Aramis, or the Love of Technology,* trans. Catherine Porter (Cambridge, MA: Harvard University Press, 1996 « 1992 ») が示している。

69 Didier Debaise, *Nature as Event: The Lure of the Possible,* trans. Michael Halewood (Durham, NC: Duke University Press, 2017 « 2015 ») のなかに、ここでの二分法の哲学的歴史について実に啓発的な解説が書かれている。

70 「自然主義者」という用語は、フィリップ・デスコラ〔1949－。フランスの人類学者。自然の社会化の様々な形態を研究〕が次の著作のなかで、いまや規範となっている方法で定義している。Philippe Descola, *Beyond Nature and Culture,* trans. Janet Lloyd (Chicago, IL: University of Chicago Press, 2013 « 2005 »).

71 Silvia Federici, *Caliban and the Witch* (New York: Autonomedia, 2004)

い。それは「メタボリズム」などの生物学的比喩を使用した場合に陥りがちな問題だ。となると、さらに上流に遡って自然概念そのものを見直す必要が出てくる。人々が再び船出させようとしているその政治を消滅させないためである。Jason Moore, *Capitalism in the Web of Life: Ecology and the Accumulation of Capital* (New York: Verso, 2015) を参照されたい。この本のタイトル『生命の織物のなかの資本主義——エコロジーと資本蓄積』が、私がここで囲い込もうとしている問題を簡潔に言い表している。

56　Timothy Mitchell, *Carbon Democracy: Political Power in the Age of Oil* (London: Verso, 2011).

57　石炭（「石炭王」）に回帰しようというトランプの執念は、新たな地理政治の例示としてはほぼ完璧なものだろう。夢に見るもうもうとした煙のユートピア、そして地球（earth）にはそれとつながりを持つすべての社会的関係が育まれている——しかし、そんなものはいまは存在せず、実際、50年も前の時代のものなのだ。

58　長年、マイク・デイヴィス〔米国の批評家、都市社会学者〕が精力的に追及してきた事例である。たとえば Mike Davis, *Late Victorian Holocausts: El Niño Famines and the Making of the Third World* (London: Verso, 2002) などがある。

59　この対比は Michel Lussault, *De la lutte des classes à la lutte des places* (Paris: Fayard, 2009) から借りた。ただ原典とここでの意味とは若干異なる。続く第14章でそれを明らかにする。原典では「地理－社会的」が二元論を依然維持しており、ハイフンにすべての働きを委ねていると私は認識している。これこそ、新しいワインは古い革袋に入れてはならないという例だ〔聖書「マタイによる福音書」(9－17) は、新しいワイン（命）は古い革袋（概念）のなかに入れてはならないと説いている〕。

60　www.reporterre.net/Nous-ne-defendons-pas-la-nature に掲載（2017年8月7日アクセス）。

61　拙著 *Politics of Nature: How to Bring the Sciences into Democracy*, trans. Catherine Porter (Cambridge, MA: Harvard University Press, 2004 « 1999 »).

62　前掲 Timothy Michell, *Carbon Democracy* の要点は、欠乏の科学が限りない豊穣の科学へといかに変身したかを明らかにする点にある。その構図はこうだ。制約の存在をエコロジーが執拗に主張する。そのな

動家と共闘を組んだ。

49 ダナ・ハラウェイ〔科学技術研究やジェンダー・フェミニズム研究で著名な米国の学者〕が、グローバリゼーションのグローブ（globe）から世界（world）を区別するために提供した造語。

50 社会理論にとっての困難とは、アソシエーション（連携）の社会学、あるいはアクターネットワーク論（ANT）をどう位置づけるかという問題に集約できる。それは社会主義運動がエコロジーの問題を扱う方法をなかなか見出せないでいることとほぼ完全なパラレルをなす。ただ、より切り詰めた形でだが。「社会」に代えて「共同体」（集合体）という用語を使うとよい。共同体とすれば、**集められた**アソシエーションの範囲は広がりを見せる。そのことを思い出そう。拙著『社会的なものを組み直す――アクターネットワーク理論入門』伊藤嘉高訳、法政大学出版局、2019 « 2005 »）を参照せよ。

51 この用語は地球（planet）に対する人間活動の影響が幾何級数的に伸びていることを警告するものだ。影響の幾何級数的伸びは、第二次大戦の直後から始まったと暫定的に捉えられている。Will Steffen, Wendy Broadgate, Lisa Deutsch, Owen Gaffney, and Cornelia Ludwig, "The Trajectory of the Anthropocene: The Great Acceleration," *The Anthropocene Review* 2 (2015), pp.81-98を参照せよ。

52 「革命的精神の終焉」について、「新しいユートピアの発明」を促す必要性について、「新たに動員する神話」を提案する必要性について、つまり同じ歴史的軌道の夢を見続けるための多くの方法については、不満がいつまでも付きまとう。フェミニズムに対してなされたような封じ込めは、その不満によってさらに強調される。

53 Pierre Charbonnier, "Le Socialisme est-il une politique de la nature? Une lecture écologique de Karl Polanyi," *Incidences* 11 (2015), pp.183-204を参照せよ。

54 ここではナオミ・クライン『これがすべてを変える――資本主義VS.気候変動』（上下、幾島幸子・荒井雅子訳、岩波書店、2017 « 2014 »）で提起された問いへの応答を試みる。なぜ情勢がほとんど変わらないのか。政治的参照点の不動性のせいか、とくに資本主義という用語の麻痺効果が作用しているのだろうか。

55 そうでなければ、逆に、この問題を自然化する〔純粋な物質過程として説明する〕モデルに再度陥ってしまい、そこから首尾よく抜け出せな

活発な論争が行われている。極端な議論を二つ挙げておこう。Donna Haraway, *Staying with the Trouble: Making Kin in the Chthulucene* (Durham, NC: Duke University Press, 2016). Clive Hamilton, *Defiant Earth: The Fate of Humans in the Anthropocene* (Cambridge, UK: Polity, 2017).

41 エドガー・アラン・ポーの小説と気候危機の関連について気づかせてくれた Aurélien Gamboni と Sandrine Tuxeido に感謝する。

42 www.globalwitness.org/en/campains/environmental-activists/dangerous-ground（2017年 8 月 7 日アクセス）を見よ。

43 英国首相ブレアからフランス大統領マクロンへ。またより学術的には社会理論のなかで。Anthony Giddens, *Beyond Left and Right: The Future of Radical Politics* (London: Polity, 1994) を参照せよ。

44 これは、脱成長というテーマが引き起こした政治感情の問題である。近代の地平では、後退をしないで脱成長のみ採用することは不可能とされ、したがって、脱成長するには地平そのものを変えなくてはならない。だからこそ、**繁栄**を指す他の用語を提案することが重要になる。新たなベクトルに沿って歩めば、たとえ進歩できなくても、少なくとも繁栄を謳歌することはできるだろう。

45 前出注9のアナ・チンがこれより少しよい図を提案している。彼女の図では、四つのアトラクターによって異なる方向に引っ張られるときのリスクがいかなるものであっても、それを受け入れることになっている。その方がよりリアリティがあるかもしれない。しかし一つの図に表すのはより難しい（個人的書簡から。Aarhus: 2016年 6 月）。

46 筆者と Peter Weibel との共著である *Making Things Public: Atmospheres of Democracy* (Cambridge, MA: MIT Press, 2005) を参照されたい。

47 Noortje Marres, *Material Participation: Technology, the Environment and Everyday Publics* (London: Palgrave, 2012) を参照せよ。「問題がなければ政治もない」という洗練されたスローガンはこの本の著者マールに負うところが大きい。

48 頭字語 ZAD はフランスの Zone à défendre（守るべき土地）を意味するが、そこから ZAD の担い手である「ザディスト」（zadist）というラベルを生んだ。ナント市近隣の空港建設を阻止しようとした活動家を指して使う。彼らの戦略は、空港建設計画のための「開発」予定地を占拠するというものだ。そして新しいやり方で、農民やその他の活治派閥などによるもっと一貫した政策である。

32 オフショア活動は重要な社会学的現象として捉えられてきたものである（John Urry, *Offshoring* [London: Polity, 2014] を参照のこと）。ただしそこでの活動は、国家が一丸となって実践するものとは考えられていない。

33 これはカイル・マッギー〔米国の法律家、法律研究者〕が「異教徒の地球」と呼ぶものである。Kyle McGee, *Heathen Earth: Trumpism and Political Ecology* (Goleta, CA: Punctum Books, 2017) を参照されたい。

34 拙著 *Facing Gaia* (Medford, MA: Polity press, 2017 « 2015 ») で実施した。

35 地理歴史というテーマはDipesh Chakrabartyの著名な論文 "The Climate of History: Four Theses," *Critical Inquiry* 35 (Winter 2009), pp.197-222で初めて導入された。

36 Anna Lowenhaupt Tsing, Nils Bubandt, Elaine Ganet, and Heather Anne Swanson, eds., *Arts of Living on a Damaged Planet: Ghosts and Monsters of the Anthropocene* (Minneapolis, MN: University of Minnesota Press, 2017) を参照せよ。

37 再教育を受けている近代精神はミシェル・トゥルニエ〔1924-2016。フランスの小説家。『フライデーあるいは太平洋の冥界』は1967年にアカデミー・フランセーズ賞を受賞〕によってトゥルニエ流のロビンソン・クルーソーとして描写された。その物語でクルーソーとともに孤島生活を送った従僕フライデーはクルーソーに辛抱強く説明しなければならなかった——最初に島に来たときは異邦人だったが、異邦人を脱するためには島でどのように振る舞えばよいのか。これは所有主と財産のつながりを反転させたもう一つの例といえる。その振る舞いが本当に完璧だったので、クルーソーは最後にスペランザ島に残ることを決意した。Michel Tournier, *Friday*, trans. Norman Denny (New York:Pantheon Books, 1969 « 1967 ») を参照のこと。

38 Clive Hamilton, Christophe Bonneuil, and François Gemenne, *The Anthropocene and the Global Environmental Crisis: Rethinking Modernity in a New Epoch* (London: Routledge, 2015) を参照せよ。

39 Timothy Lenton, *Earth System Science* (Oxford: Oxford University Press, 2016) に収められた注目すべき説明を参照せよ。

40 これについては、人間が主役として再登場するかしないかをめぐって

23 James Hoggan, *Climate Cover-Up: The Crusade to Deny Global Warming* (Vancouver: Greystone Books, 2009) を参照せよ。

24 大変短いがひどく不安を惹起する Naomi Oreskes と Erik M. Conway の著書 *The Collapse of Western Civilization: A View from the Future* (New York: Columbia University Press, 2014) を参照せよ。

25 これは時事解説者が事象に気づいていないことを意味しない。本の形で出版され12カ国語に翻訳されたマニフェストには、知識人らが「大いなる後退」と呼んでいる現象が集められている——言葉を換えれば、「ポピュリズムの台頭」に対して彼らが感じた驚愕について書かれている。そのなかの一章が、それは私自身によるものだが、この問題について扱っている。Heinrich Geiselberger, ed., *The Great Regression* (London: Polity, 2017) を参照されたい。

26 Marshall Sahlins, *Culture in Practice* (New York: Zone Books, 2000).

27 Singularity University のサイトを参照せよ（http://su.org 2017年8月7日アクセス）。背筋が凍るような話が Yuval Noah Harari, *Homo Deus: A Brief History of Tomorrow* (London: Harvill Secker, 2016) にある。

28 交渉可能性のない価値と呼ばれてきたアイデンティティ政治〔社会的不公正の犠牲になっているジェンダー、人種、民族、性的志向、障害などの特定のアイデンティティに基づく集団的利益を代弁して行う政治活動〕に対する要求が、右派にも左派にも執拗に増えている。それは第二の極であるグローバル〔第2のアトラクター〕の極が引力を働かさなくなったことを示している。かつてはこの引力が、普遍性のプロジェクトのなかで二つの極を融合させていた。

29 映画「Sully」（2016）との関係については Jean-Michel Frodon に謝辞を捧げたい。

30 これは保守派の思考とは異なる。それは Jeremy W. Peters, "They're Building a Trump-centric Movement. But Don't Call It Trumpism" (*The New York Times*, August 5, 2017) のなかで暗示された通りである。

31 気候変動の問題が、堕胎や反ダーウィン主義同様、共和党の立場を示す主題になったのは20世紀の最後の時期である。スコット・プルーイット〔元オクラハマ州司法長官。共和党保守派で信教の自由を堅持し、人工妊娠中絶、同性結婚、環境規制などに反対した〕を米環境保護庁の長官に据えるというトランプ大統領の戦略には、気候変動問題に関する知識を抹消しようとする意図がある。それは大統領だけの戦略ではなく、政

hégémonie politique," *Écologie et Politique* 52 (2016), pp.19-44を参照せよ。1972年のローマクラブの報告書への反応は、年代記編纂における画期的な資料である。Élodie Vieille-Blanchard, "Les limites à la croissance dans un monde global. Modélisations, prospecitves, réfutations," Thèsis, EHESS, Paris, 2011を参照せよ。

17 *The World Inequality Report:2018* (Cambridge, MA:Belknap Press, 2018) において、Facundo Alvaredo らは、転換点は 1980年代だとしている。同じく David Leonhardt のニューヨークタイムズの記事 "Our Broken Economy, in One Simple Chart," (*The New York Times,* August 7, 2017) も鮮やかにその点を指摘している。

18 タイタニック号の船主は難破事件を生き延びたが、彼の驚くべき心理的描写については Frances Wilson, *How to Survive the Titalic: The Sinking of J. Bruce Ismay* (New York: Harper, 2012) に載っている。

19 David Kaiser and Lee Wasserman, "The Rockefeller Family Fund Takes on Exxon Mobil," *New York Review of Books,* December 8 and 22 (2016) を参照せよ。また Geoffrey Supran and Naomi Oreskes, "Assessing Exxon Mobil's Climate Change Communications (1977-2014)," *Environmental Research Letters* 12, no.8 (2017) も参照されたい。

20 Evan Osnos, "Doomsday Prep for the Super-Rich," *The New Yorker* (January 30, 2017) https://www.newyorker.com/magazine/2017/01/30/doomsday-prep-for-the-super-rich を参照せよ。オフショア（金融特区）の世界についての衝撃的なレポートは *International Consortium for Investigative Journalism* in 2017 が出版した Paradise Papers を参照せよ。https://www.icij.org/investigations/paradisepapers/.

21 リュック・ボルタンスキー〔フランスの社会学者〕が示しているように、陰謀説の問題はそれが現実にあまりにもよく対応しているところにある。Luc Boltanski, *Mysteries and Conspiracies*, trans. Catherine Porter (Cambridge, UK: Polity, 2014 « 2012 »). また Nancy MacLean, *Democracy in Chains: The Deep History of the Radical Right's Stealth Plan for America* (London: Penguin Random House, 2017) を読めばなおのこと信じたくなる。

22 これは科学技術社会学（STS）の常識的見方である。たとえば、Ulrike Felt, et al., *The Handbook of Science and Technology Studies*, 4th edn (Cambridge, MA: MIT Press, 2016) を参照せよ。

(Cambridge, MA: Harvard University Press, 2014) に詳しく記述されている。

9 アナ・チン〔米国の人類学者〕のきわめて重要な著作『マツタケ――不確定な時代を生きる術』(赤嶺淳訳、みすず書房、2019 « 2015 ») にある「廃墟のなかに居住することを学ぶ」という表現は妥当である。

10 近代化の最前線(フロント)という考え方と、それが政治感情を区分するやり方については、拙著『虚構の「近代」――科学人類学は警告する』(川村久美子訳・解題、新評論、2008 « 1991 » 、119-135頁) に詳しい。

11 カール・ポランニー『[新訳] 大転換』(野口建彦・栖原学訳、東洋経済新報社、2009 « 1944 »)。

12 小著では慣例に従い、小文字で始まる「地球」(earth) の語は人間活動を示す従来の枠組み (自然のなかの人間) に対応させている。また、大文字で始まる「地球」(Earth) は行為能力を持つ存在〔エージェント〕で、私たちが政治的実体と見なし始めているもの、ただしまだ完全には制度化されてはいないものを指す。

13 この歴史については、とくに Paul N. Edwards, *A Vast Machine: Computer Models, Climate Data, and the Politics of Global Warming* (Cambridge, MA: MIT Press, 2010) を参照されたい。

14 Christophe Bonneuil and Jean-Baptiste Fressoz, *The Shock of the Anthropocene: The Earth, History and Us*, trans. David Fernback (New York: Verso, 2016 « 2012 ») を参照されたい。

15 Naomi Oreskes and Erik M. Conway, *Merchants of Doubt: How a Handful of Scientists Obscured the Truth on Issues from Tobacco Smoke to Global Warming* (New York: Bloomsbury Press, 2010) を参照されたい。

16 この「過去40年間」という期間の示し方についてはかなり曖昧である。ただしトマ・ピケティが『21世紀の資本』(山形浩生・守岡桜・森本正史訳、みすず書房、2014 « 2013 ») で提供したデータとは矛盾していない。経済学がエコロジーを吸収し婉曲表現を用いてそれを参照する語り口についてはドミニク・ヘストル〔フランスの科学史研究の学者〕が実に綿密な検討を加えているが、それとも矛盾しない。Dominique Pestre, “La mise en économie de l'environnement comme règle, 1970-2010. Entre théologie économique, pragmatism et

原 注

〔英訳および邦訳のある文献はそれを出典とした。«　» 内は原書刊行年〕

1　ドナルド・トランプの娘婿の談話。サラ・ヴォーウェルによるニューヨークタイムズの記事（2017年８月８日版）からの引用。

2　とくにフランシス・フクヤマの『歴史の終わり――〈上〉歴史の「終点」に立つ最後の人間』『歴史の終わり――〈下〉「歴史の終わり」後の「新しい歴史」の始まり』（渡部昇一訳、三笠書房、2005 « 1992 »）を参照されたい。

3　「新気候体制」という表現は、拙著 *Facing Gaia:Eight Lectures on the New Climatic Regime*, trans. Catherine Porter (Cambridge, M.A.: Harvard University Press 2017 « 2015 »）で使った筆者による造語。

4　カトリック教会は貧困と環境破壊の関係を無視するための努力を惜しまなかった。しかし、現ローマ教皇フランシスコはこの問題について回勅 *Laudato Si!* で詳述している（Vatican: Saint-Siège, 2015)。

5　こうした問題に無関心だったフランス大統領マクロンでさえも、トランプ大統領の宣言の２日後に＃ MaketheEarthGreatAgain を紹介したとき、これらの問題を引き受ける義務を感じた。

6　Dina Ionesco, Daria Mokhnacheva, and Francois Gemenne, *The Atlas of Environmental Migration* (London:Routledge, 2016 « 2016 »).

7　Stefan Aykut and Amy Dahan, *Gouverner le climat? Vingt ans de négociation climatique* (Paris:Presses de Sciences Po, 2015) を参照せよ。COP21向けに準備したINDC (Intended Nationally Determined Contribution, in UN jargon) の文書には、各国の開発プロジェクトが掲載されている（www.diplomatie.gouv.fr/fr/politique-etrangere-de-la-france/climat/paris-205-cop21/les-contributions-nationales-pour-la-cop-21［2017年8月7日にアクセス］も参照せよ)。

8　個人財産を失うという邪悪な普遍性については、Saskia Sassen, *Expulsions: Brutality and Complexity in the Global Economy*

訳者解題

架空の物質性の上に築かれた文明

訳者解題／目次

一　ラトゥールとアクターネットワーク理論

(1) 綻びが止まらない近代社会

本書『地球に降り立つ』は原著のフランス語版 *Où atterrir? Comment s'orienter en politique*, La Découverte, Paris が二〇一七年に、その英語版 *Down to Earth: Politics in the New Climatic Regime*, Polity Press, Medford が二〇一八年一一月にそれぞれ刊行された（本書日本語版は、フランス語版を参考に、その後原注等にいくつか修正の加わった英語版を底本としている）。英語版出版にあたっては、ニューヨークタイムズが著者ブルーノ（ブリュノ）・ラトゥール Bruno Latour のこれまでの研究業績と本書の意義について長文の紹介記事を掲載している（Kofman, 2018）。混迷の度合いを増す今日の国際社会にあって、ラトゥールの新著に向ける世間の期待がいかに大きいかがわかる。本書が私たちに提示しているのは、人類が生き抜くために必要な非近代《ノンモダン》の見取り図である。

ラトゥールに向けられた世界の期待

ブルーノ・ラトゥールはフランスの著名な科学人類学者、哲学者で、二〇一三年にホルベア賞（社会人文科学のノーベル賞ともいわれる）を受賞した社会科学の第一人者である。近代文明についての彼の批判的論考は、『科学が作られているとき』（一九九九、原書 *Science in Action: How to Follow Scientists and Engineers through Society*, 1987）や『虚構の「近代」』（二〇〇八、原書 *Nous n'avons jamais été modernes: Essais d'anthropologie Symétrique*, 1991）以来、世界中で注目を集めてきた。ラトゥールの仕事を一言で表すなら、それは「科学的事実の形成に対する人間の関わりとその歴史的展開、並びに人間の歴史の形成に対する科学の関わり」を明らかにすることである。そのユニークな近代文明論

(ラトゥール、二〇〇八。Latour, 2002, 2004, 2017など)でラトゥールは、科学を「真実の探求」と捉えるところに近代の原点があるとし、その構造的特徴がどのような形で環境破壊や格差の爆発的増大に結びついてきたかを明らかにした上で、現代人に対して近代の長い混迷からの覚醒を呼びかけた。本書『地球に降り立つ』ではさらにその先の議論、すなわち、近代を抜け出すための方法とその後の行き先についての議論を中心に分析が進められる。

現在、かつてない政治的混乱が世界を覆っている。グローバルな自由市場を牽引してきた米国や英国が突如として踵を返し、国境を閉じて自国を守る体制を模索し始めた。しかも米国を中心に地球温暖化を否定する動きが広がっている。科学信奉の権化といわれる国で、多数の科学者が支持する地球温暖化説を公然と否定するのだから尋常ではない。世界中の市民はその否定の意味を正しく理解できているだろうか。重大事態に対する構えはできているだろうか。人類世界は地球環境を大きく変貌させ、ラトゥールが「新気候体制」(New Climatic Regime)と命名する新たな時代へと突入した(Latour, 2017)。人類と自然の関係は大きく変わったのである。

人類世界を取り巻く様々な現象を個別に見ていたのではその全体像は摑めない。本書でラトゥールは、今日の脱グローバリゼーションの動きと地球温暖化否定論の登場を複合現象と捉え、この現象の背景にあるもののなかに「富者の裏切り戦略」を見出し、そのからくりを鮮やかに描いてみせる(本書第8章)。ラトゥールによれば、私たちがこの「裏切り戦略」に気づかず容易に騙されてしまうのは、近代特有の自然観、科学観のせいであるとともに、「政治と科学の関係」がもつれた糸のように無秩序になっているからだ。そのことが知識人、専門家、市民たちの理解を阻害している。ラトゥールは自身の近代文明論をベースに、自然、科学、政治、社会の関係をめぐる今日的状況を丁寧に解き明かし、非近代《ノンモダン》を目指す理由と非近代《ノンモダン》から見えてくる新たな世界像を提示しながら、そこへ向かうためになすべき「私たちの実践」に迫る。

　これまでラトゥールは二〇数点に及ぶ著作を通じて実に精力的に非近代《ノンモダン》のための議論環境を作り上げてきた。しかし、その議論は近代人が当然と思ってきた認識をいくつも覆すことから、またその難解さから、誤解されることも多かった。加えて日本では、彼の邦訳書は（最近増えつつあるものの）七点ほどにとどまっており、世界でこれほど注目されている学者でありながら一般にはあまり知られていない。ゆえにその思想世界に触れることは簡単ではない。そこで本解題では、本書の意図と意義をできるだけ正確に理解するために、本書の主張を支える背景にも触れつつ、補足的な議論を試みてみたい。

　ラトゥールの専門は科学社会学、科学哲学、科学人類学である。その彼がなぜ現実世界の政治や科学のあり方について具体的な提言を行い、それが学問的にも社会的にも大きな影響力を持ちうるようになったのか。以下では、ラトゥールの思想世界の骨組みや、本書の姉妹本ともいえる『ガイアに向き合う』（Latour, 2017）の内容を紹介しながら、ラトゥールの議論の重要性について検証していく。具体的には、「脱アニメート化した物質」（エージェンシー［行為能力、事象を引き起こす能力］を奪われた不活性な自然）と「過剰アニメート化した人間精神」（唯一エージェンシーを与えられた活動的な人間）という構図が登場する歴史的経緯と、その構図が「人間の自由」と「生産」を推し進め、最終的には「グローバリゼーションの理想」へと人類を引きずっていった経緯などを明らかにしていく。これらは、架空の物質性に乗っている三つのアトラクター（引力）、すなわち、第1のアトラクター「ローカル」、第2のアトラクター「グローバル」、第4のアトラクター「この世界の外側へ」、およびそうした架空の物質性を脱した第3のアトラクター「テレストリアル」（大地、地上的存在、地球）という本書の核となる見取図（本書の六つの図を参照）の理解を、またラトゥールが提起する「発生」「依存」などの重要概念の理解を助けるだろう。以下を通して、「人類が未来社会を生き抜くための処方箋」をぜひ解読してもらいたい。

今日の政治的混乱の背景

本書が描く今日の世界政治の混乱は、直接的には二〇〇七、二〇〇八年の世界金融危機に始まるといわれる。この出来事は資本主義の未来に暗雲が立ち込めていることを世界中の人々に感じさせた。このとき世界の富のうち実に五〇兆ドル（Loser, 2009）が失われたという。世界金融危機への米国政府の対応は、破綻しかけた大銀行の救済であり、丸裸になった一般市民を置き去りにするものだった。こうした対応に抗議する「ウォール街占拠運動」（オキュパイ・ウォールストリート運動。二〇一一年九月－）がニューヨークで発生し、「We are the 99 %」（九九％の人々のための経済に）のスローガンが宙を舞った。市民による占拠は六〇日間にも及んだ。だが事態は一向に変わらず、それどころか二〇一七年に至っては世界の富の八二％をトップ一％の富裕層が独占するという衝撃的な格差社会へと世界は進行していったのである（Oxfam, 2018）。

振り返れば一九七〇年代以降からすでに、世界経済は思うような成長を期待できなくなっていた。その一方で、マネーだけが増える過剰資本状態を生み出し続けてきた。資本は有望な投資先を求めて世界中を渡り歩くも、それに適う投資先はなかなか見つからなかった。先進諸国の需要は頭打ちになり、資源枯渇、環境破壊は地球規模の問題に発展し、資本は行き場を失う事態となった。こうしてマネーがマネーを生む金融経済が異常に膨らみ、それが破綻して生じたのが二〇〇七、二〇〇八年の世界金融危機だった。

その後の世界経済はどうなったか。D・ハーヴェイは資本主義に恐慌はつきものだと述べた（ハーヴェイ、二〇一二）。ハーヴェイによれば、資本主義は時折の経済危機を必要とする。儲けを生まなくなった資本は整理しなければならないからだ。たしかに戦争や災害などの破壊的出来事が生じた後には、一時的であれ資本が整理され、利潤率が回復している。しかし、必要な資本整理が一九七〇年代以降、頻繁に起きていることを考えると、いまでは資本主義自体の存続がきわめて厳しい局面に向かっていることは確かなようだ。資本の過剰蓄積恐慌を主張したのはマルクスである（マルクス、二〇一七）。彼は資本蓄積そのものが資本利潤率を引き下げる構造的問題について指摘した。そして資本利潤率が最終的にゼロになったとき、資本主義は崩壊すると予言した。いま、この不気味に膨れ上がった資本が世界を彷徨っている。

二〇〇七、二〇〇八年の巨大ロスを乗り越えようと、以後の一〇年間、過剰資本は中国などの新興国に群がった。結果、新興国の地方都市では尋常ならざる規模の都市開発が行われることとなった。投機目的の巨大開発を通して、富を吸い上げようというわけだ。資本主義の生産物のなかでもっとも基本的なもの、それは都市であるとハーヴェイは主張した（ハーヴェイ、二〇一三）。実際、一九世紀のパリ改造以来ずっと、都市建設は資本主義を維持する上で重要な役割を果たしてきた。ただし、今日の強引な開発は、中国の新興都市にゴーストタウンを次々と生み出している。投機目的の華麗な建築群は地域住民には無関係の高嶺の花であり、とても手の届く代物にはならないのだ。一方、巨大開発の波は空前の資源消費をも引き起こしている。中国一国だけで、米国が過去一〇〇年間に使ったセメント量をたった二年間で消費したといわれる（Harvey, 2016）。世界経済はいっとき息を吹き返しても、地球環境への影響は甚大なのである。実際、経済格差、資源浪費とともにいま世界中を急襲しているのが、地球温暖化を筆頭にした環境破壊である。さらに、これら様々な影響により、生まれ故郷に住めなくなった人々が難民や移民となって先進諸国に大挙して押し寄せている（国内の難民・移民問題としては、福島原発事故による避難民もこの文脈に入る）。そうしたのっぴきならない資本主義社会の状況が今日の政治的混乱を生み出している――大国が近代の大行進を離脱し、一国主義へと向かう事態を生んでいるのである。

新たな時代――新気候体制と人新世

ラトゥールは「新気候体制」（New Climatic Regime）という造語を用いて、人間にとっての新たな時代の到来を位置づけている。「新気候体制」とは有史以来続いてきた人間活動と地球環境との関係が質的に変わったことを意味する（Latour, 2017）。世界を形づくる構造（体制）が未曾有の、エコロジカルな変容の時代に入ったということである。事実、近年では人間活動の変化と地球環境の変化とのあいだに予想もしなかった因果関係がいくつも発見されている。

これについて大がかりな警告を発したのが大気の研究者たちである。温暖化科学の専門家集団は一九九〇年、国連が後援する「気候変動に関する政府間パネル」（IPCC。一九八八年創設）とともに、二酸化炭素（CO_2）など大気中の温暖化効果ガスの増加問題について、世界中の研究成果をまとめた第一次評価報告書を発表した。現在、報告書は第五次まで数える。IPCCは政府間パネルを名乗るが、実際は世界中の専門家や科学者からなる国際的な「科学者のネットワーク」である。必要に応じてレポートを作成し、学術研究成果を広く調査し評価を行い、科学的知見を集約して政策立案者への助言を行うというのが彼らの仕事である。二〇一三年から二〇一四年に出された第五次評価報告書（IPCC, 2013, 2014）はこう指摘している。過去一〇〇年間に観測された気候変動の分析結果によれば、CO_2濃度の上昇、大気と海洋の温度上昇、海面水位の上昇、雪・氷の減少などの明瞭な傾向から判断して、「気候システムの温暖化には疑う余地がなく」、「一九五一年から二〇一〇年に観測された世界平均地上気温の上昇の半分以上は、人為による温室効果ガス濃度の増加とその他の人為的起源による強制力との組み合せによって引き起こされた可能性がきわめて高い」。前回の第四次評価報告書（二〇〇七年）では「可能性が非常に高い」（九〇％以上の可能性）というレベルだったのに対して、右に挙げた第五次評価報告書においては「可能性がきわめて高い」（九五％以上の可能性）の表現を用いて、確信度が引き上げられている。まさに、「新気候体制」の到来である。

一方、新たな地質年代の到来を指摘する研究者も現れた。口火を切ったのは、オゾンホール研究でノーベル化学賞を受賞したオランダの大気化学者パウル・クルッツェンである。彼は二〇〇〇年に、「人新世《アンスロポセン》」という新たな地質年代を示す用語を現代に採用するよう提案した（Crutzen et.al., 2000）。世界中の地質に、人間活動の刻印が色濃く残るようになったからである。この用語は、地球科学の研究者や環境学者のあいだに瞬く間に広がり、いまでは認識の転換を迫る重要概念としての地位を築きつつある。総合学術雑誌ネイチャー二〇一五年三月号の表紙には「新たな人類の時代」の見出しで人新世のアイデアが明記された。また、米国のスミソニアン博物館（自然史部門）では人新世に関連した常設展示を開設するために、二〇一六年から二〇二〇年の計画で大がかりな改装が進められている（Smithsonian National Museum of Natural History, 2015）。ただし、この用語は学会で正式に承認されているわけではない。

たしかに人間活動の影響で地表や海面は広範囲に変貌した。ダムができ、河川の堆積物が増加し、海洋の酸性化が起きた。毎年約三億トンのペースで製造されるプラスチックは海底ゴミとして世界中に集積している。窒素循環に変化が生じ、大気内のCO_2量が継続的に増加した。生物種の突発的な減少（第六次生物大絶滅）が起きている。さらに、一九四五年の核爆弾の使用は放射性の明白な信号であるゴールデンスパイクを世界中の地層に残した。明らかにこれまでの地質年代、「完新世」（最終氷期以降現在までの比較的安定した約一万一〇〇〇年）とは性質が違うのである。だからこそ人新世という提案になった。ある計算では人類文明は一七テラワットの仕事率で二四時間体制で働いていると いう。これは、蓄積すれば火山や津波のエネルギー消費に相当する。別の計算では、環境を改変する人間の力はプレートテクトニクス（プレート移動理論）的な力にも相当するという（Morton, 2007）。

人新世をいつ始まりとするのか、その年代を特定する議論も続いている。もっとも近い過去を起点とする案は第二次大戦後からとしている。この案に根拠を与えた研究（Steffen, et. al., 2015）は世界に衝撃を与えた。大戦後から今日までの七〇年間に起きた変化、すなわち人間活動の増大と地球環境破壊の進行との関係をわかりやすくデータにまとめて提示したからである。その変化を著者らは「グレートアクセレレーション」（大加速）と名づけた。そこで取り上げられた人間活動の指標は、世界人口、エネルギー利用、化学肥料消費、運輸、巨大ダム建設、実質国内総生産（ＧＤＰ）、紙生産、テレコミュニケーション、海外直接投資、水利用、都市人口、海外旅行等々と幅広く、地球環境破壊を示す指標も、CO_2、成層圏オゾン、海洋漁獲量、熱帯雨林喪失、二酸化窒素（NO_2）、地表温度、エビ養殖、耕作地、メタン、海洋酸性化、沿岸窒素汚染、地表生命圏の劣化とこれまた広範囲に及ぶ。これらの指標のどれを取っても、変化の度合いを示す傾きが一九五〇年代以降、それ以前とは比較にならないほど大きくなっており、人間活動と地球環境破壊との並行現象を赤裸々に証言している。

科学者による新しい動きのなかで

これらの報告には科学者の行動規範に関わる特筆すべき変化が見出せる。これまでの近代科学に見られたステレオタイプの報告とは明らかに違う。自然現象の変化の要因について人為的起源説の立場を取っているからだ。ＩＰＣＣ関連の科学者集団は、人間活動が地球温暖化を引き起こしているという。人新世を提案する科学者も、人間活動が地質に変化をもたらしていると主張する。

科学者がそのような提案を行うとは従来の科学者たちにとっては驚きの事態である。科学万能の近代体制そのものを揺るがしかねない主張であるからだ。提案を受け入れれば、これまでの「科学実在論」に基づく科学観、自然観を一八〇度修正しなければならなくなる。だから受け入れがたい。世間ではいまも科学実在論が当然視されている。科学実在論とは、自然が客観的事実で人間活動とは独立したものだとする見方である。これに対して、新たに登場した人為的起源説に立つ科学者は、自然が人間活動に反応している、人間活動の変化と地球環境の変化には因果関係あるいは並行関係があるという。二つの主張は正反対なのだから、従来の科学者たちが戸惑うのも当然だろう。そのため人新世はいまだに学会主流派から認められていない（大気と生命活動の相互構成を謳ったジェームス・ラブロックのガイア理論［後述］は受け入れられるのに半世紀もかかった）。

特筆すべき変化はそれだけではない。人為的起源説に立つ科学者の行動がこれまでの科学者とは違う。以前は真理のみに向き合うのが科学者の行動規範とされた。科学者は理性主義を職業観としてきたから、政治領域へ足を踏み入れることには大いに躊躇した。それが一転、いまでは社会に向けて積極的に警鐘を鳴らし続けている。ＩＰＣＣ関連の科学者集団は政治に介入し政治家に行動を迫る。人新世を提案する科学者もまた人類に警告を発する。両者とも国や地域を超えて連帯し、国際社会に向けて政治的アピールを発し続けている。そうした行動は近代史にはなかったことである。

さらにまた、こうした「行動する科学者たち」を困惑させる事態も起きている。科学の成果を懸命にアピールし警鐘を鳴らし続ければ、社会や政治もそれを受け入れ行動してくれるはずだ。彼ら人為的起源説を主張する科学者たちはそう考えていた。ところが、警告を発し続けているにもかかわらず、社会も政治も反応が鈍い。そのため彼らの困惑は大きく、この先の一手を見出せずにいる。もっと多くのデータを蓄積すべきなのか、市民の科学教育に力を注ぐべきなのか。しかし、反応しないのは実は市民ではなく、大国の政府なのだ。だから困惑はなお大きい。

反科学的思考と政治

この反応の鈍さは、反科学的思考が社会と政治に広がっていることを意味する。地球温暖化を示す科学的データの蓄積は圧倒的であるにもかかわらず、他方では気候変動否定論者あるいは懐疑論者が力をつけている。米大統領ドナルド・トランプはパリ（気候）協定（二〇一五年採択）からの離脱を国連に正式通告したが（二〇一九年一一月五日）、その根拠に挙げているのが、地球温暖化そのものの否定である。一九九四年の地球温暖化防止条約（国連気候変動枠組条約）発効後、一国の宰相によるこうした理由での離脱通告は初めてのことだ。政治と科学のあいだに軋轢が生じている。国際社会において最大の覇権力を持つ米大統領の行動であるからには、なお深刻な事態である。

さらに驚くのは、米国では地球温暖化の認否自体が政治的次元で取り扱われていることだ。ちなみに、トランプ大統領が所属する共和党の党員のうち、地球温暖化を事実と感じている人は一〇年前の二〇〇八年で五〇%だったが、二〇一八年では三七%まで下降した(Leiserowitz, et. al., 2017)。問題は、そうした政治的回答を反映する形で、反科学的思考が広く一般層へと広がっていることだ。冒頭で紹介したニューヨークタイムズの記事が今日を「ポスト真実時代」と呼ぶのはこの文脈においてである(Kofman, 2018)。

地球温暖化否定派あるいは懐疑派は温暖化科学など当てにならないと主張する。世界の平均気温が上昇しているのは自然の揺らぎだと主張する。これは自然の循環説(過去にあった自然的気候変動の繰り返し説)を取る立場で、上昇(変動)の原因については太陽活動の影響、宇宙線の影響、地球内部の活動の影響、磁気圏の活動の影響等々を挙げている。すべてが物理的プロセスだ。あくまで物理的原因に限定し、人間活動とは無縁だとするのが彼らの主張である。

いずれにせよ、自然の様相の変容が政治と科学のあいだの軋轢を深めている。ラトゥールはそうした事態を、「自然と科学が政治に乱入している」と表現している(Latour, 2017)。近代の黎明期以来ずっと、政治と科学の関係は順調だった。科学の成果と国家の発展は密接に結びついていた。国家が科学を育て(予算投入)、科学の成果が国家経済を牽引してきた。米国を筆頭にこの蜜月は長いあいだ続いた。ところが今日では、科学者と政治の蜜月関係に矛盾が生じ、国家利益に反する研究結果も数多く発表されるようになっている。もはや科学者を当てにはできない、一部の政治家がそう感じ始めたのは事実だろう。従来の行動規範を逸脱した科学者からの警告に政治家は面食らっている。だから政治家は科学の成果を素直に呑み込めない。米国が科学的成果の蓄積に貢献してきた最重要国だけに、問題はさらに大きい。

脱グローバル化の動き

すでに述べたように、科学の否定と同時に起きているのが、自由化、グローバリゼーションの一連の流れに関わる世界経済の異変である。グローバリゼーションからの撤退さながらの現象が起きている。それも米国をはじめとする強大国がイニシアティブを取る。トランプ大統領は「自由貿易の名のもとに」現状の世界経済のあり方を批判し、グローバリゼーションからの離脱とも取れる保護主義的貿易政策を押し進めている。また、国内政治をグローバル志向からローカル志向へ、そして一国主義へとシフトさせている。メキシコとの国境に壁を築く政策はその象徴といえる。またEU離脱《ブレグジット》で揺れる英国の国内情勢も、グローバリゼーションに対抗する動きが活発化していることの現れだろう。もちろんトランプ大統領は英国の脱EUを強く支持している。

グローバリゼーションを牽引してきた強大国の相次ぐ脱グローバル化現象は一体何を意味しているのか。この動きと地球温暖化の否定とは一見まったく別次元の現象に見える。ところがラトゥールはそこに重要なつながりを見る。ラトゥールの見方では、この二つの現象は、大国が一国単位で確実に利益を獲得していくための舵切り政策の現れなのである。彼らは脱グローバル化と温暖化否定という二つの隠れ蓑《みの》を使って、従来の路線（グローバル化と温暖化対策）ではもはや見込めなくなった富をできるだけ多く、早急に囲い込もうとしているのだ（本書第8章）。

ラトゥールの見立てでは、地球温暖化を否定するトランプ政権は地球のリアリティを正しく理解している。トランプ政権こそが、世界がこのまま近代化路線をたどれば地球は持ちこたえられないと最初に気づいた政権だというのだ。しかも地球のリアリティを認識した上で、そのリアリティとは正反対の路線を追求しようとする（本書第8章）。それは矛盾だが、この矛盾こそがトランプ政権の思惑を理解する鍵となる。政権の目的は、できるだけ多くの利益を自国民（の一部の人間）だけで独占し、世界の残りの人口はすべて捨象することにある。いわば、もう一つのグローバル戦略ともいえるものだ。そうした拙速な企みを隠蔽するためにローカルに戻る振りをし、また、自国の経済活動を抑制させる地球温暖化政策を避けるために地球温暖化現象そのものを否定する。したがって、温暖化の否定はわずかばかりの時間稼ぎのためである。世界中が温暖化対策で足並みを揃える前に、一国だけ抜け駆けしようというわけだ（本書第8章）。

ラトゥールはこの米国の姿勢を「ポスト真実」ならぬ「ポスト政治」と批判する（本書六四頁）。真実を捨象するのみか政治による調整機会すら退けるやり方であるからだ。政治はそれが向かう物理的対象を失っているのである。ローカルへと向かうトランプ政権の政策は、ゲーテッドコミュニティ（ゲートで囲まれた富裕層の居住区）を作って塀のなかに富を囲い込み、自分たちだけが助かろうとする行為と同じである。後述するように、ラトゥールはこうした動きを「第4のアトラクター」と定義し、これを裏切りの戦略と断じた上で、今後人類が取るべき道としての「第3のアトラクター」をその対極に置く（本書第8章）。

ラトゥールは二〇一五年のパリ（気候）協定の採択をターニングポイントと捉える（本書一六頁）。奇しくも、人新世についての議論もその頃、ピークを迎えていた。このパリ（気候）協定の採択によって、参加したすべての国家代表が、「地球は開発の希望のすべてを実現するほど広くはない」と自覚した。本書でラトゥールはこの「歴史的事件」の状況を生々しく描いている（本書一九頁）。後で見るように、近代国家は「自然は人間社会とは無縁だ」とする自然観の上に築かれてきた。その近代国家の現代の代表者たちが、「自然と人間社会は無縁ではない」というIPCCによる真逆の報告書を最終的に受け入れたのである。無縁でない限り、「自然の使い放題」で発展を遂げてきた近代国家の成長戦略自体を根本から修正しなければならない。それは近代政治システムを揺るがす大激震といえるほどの出来事であった。

問題は、科学と政治とのあいだにこうした事態が進行していることを、私たちが十分に認識しえてない点にある。認識を難しくしているものは何か。この状況に先に触れた「科学実在論」の科学観、自然観が関わっていることは明らかだろう。人間活動が原因で自然が変貌していると言われてもなかなか信じられない。かといってグローバリゼーションの夢を放棄せよと言われてもにわかには承諾しがたい。

一方、ローカルへの回帰を謳うトランプ政権の政策を、ポピュリズム（大衆迎合主義）と解釈する議論が盛んに行われている。これについても注視する必要がある（本書一四－一五頁）。この文脈でのポピュリズムとは、大衆受けする政策を掲げ、大衆の情緒を刺激する文句を並べたて、大衆の歓心を買う政治のことだ。極論すれば、主義主張よりも、票集めに腐心する場当たり的な手法で権力を維持していく政治のことである。ラトゥールはこの「ポピュリズム台頭」論自体を、「新気候体制」の現実を隠蔽する役割を担うきわめて危険な流れと見なし、これを利用するトランプ政権の出現を軽く扱ってはならないと警告する（本書五九頁）。

(2) 問い直される科学と社会の関係

ＩＰＣＣの全身全霊の警鐘は私たち一般の人々の耳にも聞こえてはいる。しかし一方には、そうした警鐘は誤りで、地球温暖化など起きていないと主張する科学者もわずかだが存在している。地球温暖化の真偽をめぐっては、今日の科学は一枚岩ではないらしい。揺らぐ科学に私たちはどう向き合えばよいのか。一般市民は悩むばかりである。

事態を把握するには「科学社会学」（科学の社会学的研究）の分析力が頼りになるだろう。以下では科学社会学の成立と今日までの流れを概観しながら、科学と社会のあいだで一体何が起きてきたのかについて考え、科学社会学者としてのラトゥールの位置を確認していく。

科学実在論に挑戦する社会構成主義

近代という時代の維持に多いに貢献したのが、すでに述べた「科学実在論」である。その考え方はこうである。人間界の外側に人間界とは別の客観的事実の領域がある。そこに細胞、クォークなどの科学的事実と実体が実存している。人間がどうなろうと何をしようと変わらない、人類が誕生するずっと以前からそこにあり、今後も変わることなくそこにあり続ける真理の領域がある。科学者はその真理を発見している。だから科学的知識は正統であり、科学を否定することは誰にもできない。科学実在論の世界とはそういうものだが、近代社会はこれを疑問視せずに受け入れてきた。

　科学実在論はいまも健在で、多くの人々が科学を真実の探究と捉えている。また近代の政治経済体制はこの科学実在論の上に築かれている。ところがここへきて、人間活動による地球環境破壊の進行が誰の眼にも明らかになるにつれ、科学実在論自体がその現実に押され始めている。この現実のもとでは、「自然は人間社会とは無縁だ」とする科学実在論の見方は一つの物語、一つのイデオロギーにすぎなくなるだろう。

　科学実在論へのそうした批判は、実は以前からなされていた。「科学社会学」の一派、「社会構成主義」がそれである。ラトゥールらが提唱した「アクターネットワーク論」（人間と非人間〔動物、自然、モノなど〕を同位のアクター〔他に作用を及ぼしうる存在〕として扱う新たな社会理論）もその流れを汲む。彼らの主張によれば、社会構成主義は人々を科学実在論の呪縛から解き放ち、認識論的転換を導くという役割を担っている。

　ここで「社会構成主義」の登場を導いた「科学社会学」の系譜について簡単に触れておく。科学社会学はまず一九三〇年代に「科学者の社会学」として登場した。社会の影響を受けることで科学者の行動や倫理はどのように変わるのかを分析するものである。次いで一九六〇年代には、科学的知識そのものが社会の影響を受けるとする新たな議論が現れ、「科学的知識の社会学」へと発展していく。科学的知識のコアまでもが社会の影響下で作られるという衝撃的な見解であった。そしてこれが一九七〇年代以降の、科学の正統性に真っ向から疑問を投げかける社会構成主義エディンバラ学派へとつながっていったのである。同学派は、科学は社会的な構成物であり、その点では宗教や法（裁判）などと何ら変わらないと断じた。しかしそうした革新的議論は、近代にどっぷりと漬かった当時の社会には受け入れられるはずもなく、エディンバラ学派の挑戦は多くの誤解を残すだけに終わった。

その後、一九九〇年代半ばになると、社会構成主義者と自然科学者とのあいだで科学実在論をめぐる論争が巻き起こる。この論争は一般にサイエンスウォーズと呼ばれている。自然科学者が社会構成主義者を批判するという構図であったが、ラトゥールも社会構成主義者の一人として攻撃対象とされた。科学実在論を擁護する自然科学者は社会構成主義者の主張を「高次の迷信」と断罪し、「科学の内容を正しく理解できない人々」による「不要な口出し」として批判した。論争はメディアを巻き込む大騒動に発展したが、結局どちらに軍配が上がることもなく、両者相容れないままとなっている。現在も社会構成主義の主張は社会に浸透しているとはいえない。科学実在論の方は依然健在で、近代人を強力に縛り続けている。そして近代の政治経済体制はこの科学実在論を要石としていまも維持されている。

アクターネットワーク論がもたらす革新

ところで、サイエンスウォーズでなされた自然科学者による社会構成主義者への批判は、ある意味で、もっともな批判だった。科学を宗教や法（裁判）などと何ら変わらない社会的構成物と見なし、その客観性を否定するというなら、科学的知見のもとにある開発技術にも疑いを向けなければならなくなり、極端にいえば、飛行機や車が安全運行することすら信じられず利用できなくなるはずだ。自然科学者によるそうした素朴な批判は、たしかに順当で、社会構成主義者はそれに答える必要があった。

この問いに答えたのが「アクターネットワーク論」の研究者たちである。「アクターネットワーク論」は、社会構成主義の牙城、エディンバラ学派と袂を分かち、パリ鉱山大学のラトゥールやミッシェル・カロン、ランカスター大学のジョン・ローなどが集結して、一九八〇年代前半に理論化されたものである。ラトゥールらはこの「アクターネットワーク論」によってエディンバラ学派の問題点を明らかにし、それを乗り越えるための議論を提供した。また、科学は宗教や法（裁判）などとどう区別されるのか、その上で両者の共通点や相違点をどう示すべきか、そのための方法を提供した。

ラトゥールらの議論の要点は次のようにまとめられる。「自然はあくまでも人間社会の外側にある客観的なものであって、その自然によって科学は形づくられている」と自然科学者は主張する。対して、エディンバラ学派は「自然ではなく、人間の意図が前もってあるのであって、その人間の意図によって科学は形づくられている」と主張する。一見して対極の主張に見える。しかし、事象を引き起こす原因が前もって存在すると見なしている点ではどちらも同じで、自然科学者はその原因を自然に求めるのに対して、エディンバラ学派はその原因をただ自然から人間社会に移したにすぎない。つまり、自然科学者が「科学実在論」で武装するのに対して、エディンバラ学派は「人間万能論」（人間がすべてを作り出している）でこれに応戦しているにすぎない。

このようにしてラトゥールは自然科学者と社会構成主義エディンバラ学派との対立の構図を明らかにし、二陣営を一刀両断した。一方は「真実を写し取っているだけで人間は何もしていない」と主張し、他方は「モノには何の力もなく人間がすべてを形づくっている」と主張する。それぞれがそれぞれで立てた「原因」を根拠にして個々の事象を説明する。この両立不可能な二つの議論を無頓着に並存させてきたこと自体が、「近代の実践」の一部なのだとラトゥールは断じたのである（ラトゥール、二〇〇八）。近代人は一方で人間が不在の自然を描き、他方でモノが不在の人間社会を描く。そして「物質」のアクター（他に作用を及ぼしうる存在）からは行為能力のすべてを奪い去り、「人間」のアクターには行為能力のすべてを預ける（Latour, 2017）。それによって近代人は「脱アニメート化した物質」と「過剰アニメート化した人間精神」という二項関係を成立させたとラトゥールはいう（同上書）。しかも「近代の実践」の最大の特徴は、表面では物質と精神、自然と人間社会という対立の構図を維持しながら、裏面では両者を混ぜ合わせたハイブリッドを作り続けている点にあるという（ラトゥール、二〇〇八）。物質と精神、自然と人間社会の拮抗状態は、それ自体が近代の維持装置として機能してきたのである。とすれば、科学実在論を堅持する自然科学者と同様、社会構成主義エディンバラ学派もまた、近代の傘のなかにいるといえる。サイエンスウォーズはそうした近代の文脈のなかで闘われたことになる。

「アクターネットワーク論」はさらに新鮮な切り口で分析を続ける。「近代の実践」が自然と人間社会を表向き相容れないものと見なし、その裏では両者のハイブリッドを作り出しているとすれば、ハイブリッドを作り出すとは、非人間（動物、自然、モノなど）と人間からなるアクターネットワーク（ハイブリッド）を構成していることにもなる。実はこのアクターネットワークが事象を引き起こしている――そう捉えるべきだとラトゥールらは議論する。人間のみが事象を引き起こしているわけではない。また非人間のみが事象を引き起こしているわけでもない。人間も非人間もエージェンシー（行為能力、事象を引き起こす能力）を持つ点では同等である。したがって、人間のみにエージェンシーを配分し、非人間にはエージェンシーを配分しないという扱いを前もって決めておく近代の考え方には問題がある（Latour, 2017）。

では、ラトゥールらはこうした主張の妥当性をどのように証明するのか。彼らは「科学の実践活動」を観察し、これを詳細に記述することにした。そして宗教や法などの実践活動も同じように観察、記述し、科学の実践活動と比較したのである。一九七〇年代から八〇年代にかけて行われたこの「実践としての科学研究」で明らかになったのは、科学的知識とは「真実＝客観的事実を写し取ったもの」ではなく、「科学という実践活動の産物」だという、これまでの科学実在論の主張とは異なる科学の姿だった。つまりこうである。これまで科学の役割は、ベールに包まれた自然に「真実を白状させる」ことだとされてきた。そのために実験やフィールドワークを行うが、科学者はただ垣間見える真実を写し取るだけでそれ以上のことはしていないとされてきた。しかし実践活動としての科学を見ると、科学者が実に忙しく働いていることがわかる。研究室の内外を頻繁に行き来し、様々な実践活動に取り組む。そこには学術的な実践活動だけでなく、社会的、政治的、法律的、経済的な実践活動も含まれる。資金や実験材料を集め、役人や政治家や法律家を説得し、企業とも交渉しなければならない。また科学実践に登場するモノも研究対象となる「自然」だけでなく実に広範囲に及ぶ。実験器具、試料、筆記用具など、研究室外の活動を支える様々なモノも含まれる。科学という実践活動では、人間も非人間も同じ場に登場するのだ。科学的知識はそうした「実践活動の産物」として初めて姿を現す。ラトゥールらは観察を通して宗教や法などの実践活動との比較を行い、その共通点、相違点を示した（Latour, 2013。ラトゥール、二〇一七など）。

問題はなぜそうした「科学の実践活動」に光が当てられてこなかったかだ。科学論文にも学会発表にも実践活動の側面は登場しない。ブラックボックス化されている。「実験室は汚れた台所だ、とても見せられる代物ではない」とでも言うのだろうか。理由はもう明らかだ。「科学は真実＝客観的事実を明らかにするもの」と主張する科学実在論を「近代を駆動させる動力」としてあくまで機能させるためである。近代という時代は「科学の実践活動」を楽屋裏扱いにすることで維持されてきたといえる。

さて「アクターネットワーク論」が提示するこうした枠組みは、近代の考え方にどっぷりと浸かっている私たちにはなかなか理解が難しい。しかしこの枠組みを今日の問題状況に適用すれば、突然目の前の霧が晴れるように事態がすっきりと呑み込めるから不思議である。この枠組みを使えば、今日、人新世という新たな地質年代区分を提案しなければならない理由についても、地質学と文化人類学のハイブリッド、あるいは自然と人工の混合モンスター（Latour, 2017）が登場しているからだと解釈できる。地質学と文化人類学は二つの独立した学問である。学問領域の分離は、前者は純粋な物理現象を扱い後者は純粋に文化現象を扱うのだからと正当化されてきた。ところが近年、科学者は世界中の地層に、放射性の信号ゴールデンスパイクや、マイクロプラスチック、重金属などといった人間活動の影響を見出している。となると、従来の二分した学問では扱えない。物理現象と人間の文化現象は一体化しているから、それらを総合的に扱う枠組みが必要である。そのため人新世の提案に至ったのである。こうしたハイブリッド現象のせいで科学実在論の維持は難しくなっているようにさえ見える。

もっとも、地球温暖化人為的起源説の科学者を含めて科学者全般が科学実在論の縛りのもとにあることはいまも変わらない。そのせいか温暖化論者は温暖化の脅威を、揺るぎない「真実」としてただ声高に警告することしかできていない。自分たちの主張を受け入れない政治に対して、ただ憤慨するばかりだ。一方、皮肉なことに、トランプ大統領を担ぎ出した保守派のエリート層は科学実在論が陥っている今日的葛藤をよく理解している。温暖化の事実を知っていて、さらにそれを否定しようというのだから、科学実在論の葛藤を逆手に取っているようにしか見えない。彼らは温暖化人為的起源説を否定する学説に肩入れすることで、「二つの真実」が対峙する大々的な科学論争の土壌を作り、そこに政治もメディアも一般市民も埋め込んでしまう。多くの人々はこの「真実」論争にただただ翻弄されるばかりだが、そうしているうちに自国経済を盤石にするための時間稼ぎができるというわけだ。

二　第1、第2、第4のアトラクターを理解するために

(1) 物質の創造によって「確実性」を担保する

では、ラトゥールが主張するように、「脱アニメート化した物質」（エージェンシー〔行為能力、事象を引き起こす能力〕を奪われた不活性な自然）と「過剰アニメート化した人間精神」（唯一エージェンシーを与えられた活

動的な人間）という二つの概念の組み合わせが近代を動かしてきたとすれば、それはどのようにして歴史に登場し、私たちを呪縛してきたのか。そしてそれがなぜ私たちをグローバルへと駆り立てることになったのか。その経緯をたどれば、本書の議論の鍵となる三つのアトラクター（引力）、すなわち、第1のアトラクター「ローカル」、第2のアトラクター「グローバル」、第4のアトラクター「この世界の外側へ」（本書の六つの図を参照）の理解もより深まるかもしれない。以下では訳者自身の解釈も加えつつ、ラトゥールの研究のいくつかを紹介しながらその経緯をたどってみることにしよう。

確実性が求められた背景

近代を一言で表現するなら、それは「確実性」の時代ということだろう。近代人は確実性、すなわち普遍妥当的な根拠に基づく客観的な価値をひたすら追い求め、これに執着してきた（Latour, 2017）。確実性を提供したのが近代の自然観、すなわち「客観的な事実としての自然」の考え方であり、いわゆる「科学実在論」である。科学が明らかにする事実には論争の余地のない確実性がある。だから社会のなかで科学の位置づけを強化すればよい。自然が「不動の背景」となれば、その前で人間は自由に活動を展開することができる。また科学の確実性は政治を安定させ、政治の難しい仕事をバイパスさせることができる（同上書）。そう捉えられてきた。さらに科学実在論は、人類に揺るぎない「進歩観」を提供してきた。客観的事実を一つひとつ発見し、ひたすら蓄積していけば、やがてそれらは確実に光となって人類の足元を煌々と照らしてくれるだろう。過去よりも現在の方が、現在よりも未来の方が蓄積は増え、増えれば増えるほど私たちはより堅固な土台の上に立つことになるだろう。私たちは確実に進歩している。誰もがそう信じることができた。

だが実際には確実性など存在しなかった。科学実在論は一つの物語、イデオロギーにすぎなかった。一つの物質観のもとで無理やり押しつけられてきたのが確実性なるものの正体であった。確実性が存在するように思えたのは、地球が完新世という地質年代の特徴を依然持っていたからだ。人類文明は最終氷期以降現在までの比較的安定した約一万一〇〇〇年（完新世）のあいだに発達したものである。つい最近まで地球は温暖期サイクルのなかで安定を続け、人間の歴史とは無縁の存在であるかのように人間世界の背景に退いていた。ところがいまその安定性が求められない。すでに触れたように、人間活動の増大と地球環境破壊の進行との関係変化を示す「グレートアクセレレーション」（大加速）のデータによれば、いまや自然は人間活動の背景からじわじわと前面ににじり出て、私たち人間から主役の座を奪おうとしている。しかしそうした状況下にあっても、近代の政治経済体制の方は確実性の基盤の上にあくまで鎮座し、一向に変わろうとしない。そのため地球上の至るところで葛藤が起きている。

　ところで、確実性を基盤とする近代の体制はどのような時代背景のもとで準備されたのか。近代の黎明期に遡ってみると、そこにはヨーロッパを襲った「一七世紀の危機」と三十年戦争があったことがわかる。一七世紀初頭のヨーロッパは大航海時代の展開によって経済上の好況を生み出し、人口増加をもたらしたが、その繁栄は長くは続かず、早くも一六二〇年代には急速に後退する。凶作が続いて人口を減少させ、経済活動を著しく停滞させた。これがいわゆる「一七世紀の危機」である。続いて、新旧両教徒の反目を背景とした三十年戦争（一六一八－四八）がヨーロッパを襲った。ドイツ領邦間の紛争を引き金に、やがてそこにヨーロッパ各国が介入し国際的な戦争へと発展した。戦争は三〇年ほど続き、ウェストファリア条約の締結をもってようやく終結する。結果、ドイツ各領邦やスイス、オランダに主権国家体制が確立し、神聖ローマ帝国の分裂は決定的なものとなった。以後一八世紀にかけては、国家理念として新たに社会契約説が説かれ、人民を主権者とする国民国家＝近代国家の登場へと至るのである。

　近代国家へと至る新たな国家体制のもとでの国民意識は、それまでの封建国家や絶対主義国家のもとでのそれとは異なる性質を持っていた。中世までの人々は国家への所属意識が乏しかった。むしろ彼らは領邦、教会、ギルド、修道会などの地元組織に複層的に所属していたので、そうした地元組織への帰属意識の方が強かった。地元組織は当然、特定の土地や場に結びついたものだ。したがって国民的一体性を旨とする近代国家の成立は、そうした具体的な場から抽象的な場への帰属意識の移行を伴ったのであり、いわば「架空の物質性の上に乗った抽象的な組織」の登場を意味したのである（この点については後段で再度触れる）。

さて、「一七世紀の危機」の時代はまた科学革命の時代でもあった。国家、民族、宗派間の抗争は三十戦争を通じて新たな科学技術の開発を促し、自然科学の分野に革新をもたらした。望遠鏡、顕微鏡などの道具を使った観察や実験の登場、そして自然現象の理論づけに用いられた数学の発展、これらが二大革新となった。

「自然は客観的事実」という大前提

こうした時代背景を持つ確実性志向に土台を提供したのが、「物質」と「精神」（理性）という概念の創造である。最初に物質が、次いで精神が創造された。ラトゥールがこの概念を「脱アニメート化した物質」と「過剰アニメート化した人間精神」という表現で説明したように、物質と精神のこの組み合わせにおいては、前者にはエージェンシー（行為能力、事象を引き起こす能力）を配分せず、後者にだけそれを全面的に与えたという点が重要である。

物質と精神の創造に端緒をつけたのは、近代科学の租といわれるフランスのルネ・デカルト（一五九六－一六五〇）である。デカルトは三十年戦争のただなかにあってその激動に翻弄された人生を生きた。時代の要求を肌で感じていたのか、彼の仕事は社会に秩序をもたらすために捧げられたともいえよう。一六三七年に刊行されたデカルトの主著『方法序説』の正タイトルは『理性を正しく導き、学問において真理を探究するための方法序説』という。「真理」が存在することを前提に、それを人間理性（精神）に結びつけた点に注意したい。これが確実性の時代への歩みを許した。

その経緯をたどってみよう。

　デカルトは、新しい社会の土台には確実な知識が必要だと考えてその探究法を求めた。このとき前提とされたのが客観的事実（真理）の存在である。この前提がその後の流れのすべてを決めた。デカルトは「純粋に正しいもの」を見出すにはどうすればよいかだけを考えた。逆にいえば、「純粋に正しいもの」がそもそも存在するのか、あるいはなぜ「純粋に正しいもの」が存在するということを前提としなければならないのか、といった問いは脇に追いやられた。こうして、「真理の探究」こそが人間の知的活動、科学研究の第一の目的であり、自然について知るとは「自然の客観的特徴を知る」ことであるとされた。また、主体と客体のあいだには明確な区分が必要であり、主体の役割とは客体の外にあって客体を観察し、できる限り正確にこれを記述することであるとされた（バーマン、一九八九）。主観という宿命を背負った人間が客観に近づくにはどうすればよいか――近代科学という事業はそうした思念から始まっている。


　真理の存在を前提にして始まったこの探究法の模索は、世界とはどのような場所か、人間とはどのような存在か、人間が世界を知るとはどのようなことかを定義するその後の科学的探究につながっていった。デカルトの仕事は中世までの自然観、人間観を刷新し、近代特有の自然観、人間観を形成する出発点となったのである。

　デカルトが編み出した方法論はきわめてわかりやすい。「純粋に正しいもの」を見出したいなら、「疑わしきもの」はすべて排除せよというものだ（方法論的懐疑）。では、デカルトにとって「疑わしきもの」とは何だったのか。彼はそれをどのようにして見出したのか。彼は人間の感覚（知覚）を、当てにならないものとして退けた。人は見たり聞いたりするものにすぐに騙される。だから感覚（知覚）は信用できないというわけだ。ここで重要なのは、デカルトによるそうした判断が「脱アニメート化した物質」の捉え方によって導かれていることである。「（物体としての）動かない状態の自然」という前提を「（物体としての）動かない状態の身体」という前提に置き換えて人間の感覚（知覚）を定義づけたからこそ、そうした判断になった。前提が判断を導いたのである（本書二〇九頁）。

「疑わしきもの」を排除した結果、そこに残ったのは「思考する自分」だった――デカルトはそのように捉え、真理に到達するには思考をめぐらすことが重要だとの結論に至る。それは自分のなかに身体とは別の、「精神」なる領域を認めることでもあった。

次に、デカルトは「思考」そのものに向き合う。彼は正しい思考法こそが真理を引き寄せると考え、正しい思考法を導く方法を探した。そして真理を探究にするからには客観性に富んだ道具が必要と考え、やがて数学にたどり着く。彼は思考を個々の単純な構成要素に分解して、それらを純論理的に再構成することにした。思考を機械のように厳密に動かすことによって正しい思考法を導くという方法である。これにより、人間の思考は数学的に表現されるもの（アルゴリズム）とされていった。それはまた、近代科学の重要な道具、すなわち演繹法が誕生した瞬間でもある。堅固な前提から必然的に結論を導き出す演繹法は、科学理論の作り方について重要な指針を与え、自然を数学的に表現できるものにした。近代科学を支配する「機械論的世界観」の誕生である。

こうして見てくると、デカルトの方法論においては客観的事実というものの存在がつねに大前提となっていて、それに合致するようすべての論理が組み立てられ、それによってすべての現象が説明可能とされていたことがわかる。自然、物質、身体、精神、すべてがそうである。以来、「物質」と「精神」という概念はずっと近代社会を支え続けた。そしてそれは、いまも私たちとともにある。

その後誕生したニュートン力学は、デカルトの「機械論的世界観」をさらに強化した。木からりんごが落ちるのを見て、万有引力の法則を発見したという英国の天文物理学者ニュートン（一六四二―一七二七）の逸話は、真偽のほどはともかくとして、ニュートンの発想経路を想像させるに十分である。ニュートンは空を見上げながら、デカルトが社会に秩序をもたらそうとしたように、地上に秩序をもたらす要因を探し出そうとしたのである。りんごの木を見て、宇宙のような客観的な時間・空間のなかに置かれた「(物体としての)地球とりんご」をイメージする。そしてそれらの物体が運動する様を、肉体のない、主観なき精神の眼で眺める。この精神の眼である自分が普遍的法則なるものを探し出すのである。それは「宇宙としての自然」の見方を作り出すことであった(本書15‐17章)。そこでは「遠く離れた外部」から見た一つのタイプの運動しか扱わない。実際は、地上には発生、誕生、成長、生命、死、腐敗、変態など様々なタイプの運動があるのだが、それらは扱わない。物質界の現象のすべてが、精神の眼で眺める天体の運動に還元されたのである。「機械論的世界観」では、現象のすべての「原因」は現象の外部にあると見なす。そしてその「原因」のなかにエージェンシーがあって、「結果」のなかにはエージェンシーのかけらもないと見なす。つまり、「結果」に受動性(脱アニメート化された物質が持つ不活性な受動性)のすべてを帰属させるのである(Latour, 2017)。

さらに、すべての現象は「原因」から「結果」へと向かう関係によって直線的につながっていると見なす。その関係の向きを逆にたどれば最初の「原因」にたどり着くが、その「原因」にエージェンシーのすべてを配分すれば、「結果」に対しては物質界特有の「慣性」のみを明確な形で与えることができる(同上書)。それこそが「脱アニメート化」するということだ。自然はおとなしい存在となった。それは、「万物はすべて必然的に決定されている」と見なす決定論の世界でもある。時間の経過は世界に何ももたらさない。文字通りそこには何も起きない。だから歴史がない(同上書)。決定論に基づく世界では、すべてが最初から説明可能な、完璧な姿で客観的に存在するのであり、ただ知られていないだけなのである。

モノの代議制の誕生

デカルトは主観に汚染されているという理由で「観察」を排除したが、英国ではすでにF・ベーコン(一五六一‐一六二六)がそうした排除の方法は取らずに、通常の観察に換えて「実験法」を登場させていた。主観の汚染から「観察」を自由にする方法はないか。ベーコンは「モノ（自然）に直接、語らせる」方法（「自然を実験室に閉じ込め、尋問し、その秘密を吐かせる」帰納法）を編み出すことで「観察」を改革したのである。その後、実験科学が「真理の探究」に重要な役割を果たすようになると、「脱アニメート化した物質」という捉え方はさらに強固な土台を得ることとなる。以下では実験科学についてのラトゥールの解釈に沿って話を進めよう（ラトゥール、二〇〇八）。

中世までの学問は機械とは無縁だった。それが実験科学の登場によって学問に機械（実験装置）が使われるようになった。実験装置を用意してやれば興味深いことが起こるだろう。自然がそこに何かを書き込んだり、自らの振る舞いの痕跡を残したりするだろう。それは「自然の証言」ともいえるものだ（同上書）。実験においては、人間はモノを証言台に立たせ、モノが語る言葉を読み取るだけで他には何もしていない。人間は解釈を加えていない。だからこそ、実験はモノを代理人に立てた「『自然』を構成する制度」だといえる（同上書）。実験を通して引き出されたモノの証言には「客観的な事実」を映し出す力、社会を変貌させうる力があるとされた。だからモノの証言は政治や政策の盤石な基礎となり、これを使えば利害関係者間の交渉など抜きにできると考えられた。この意味で、モノの証言は政治的代議制に匹敵するとラトゥールは言う。彼はこうした実験の仕組みを「モノの代議制」と命名し、その登場を政治的代議制の登場に並ぶ近代の二大支柱として捉えた（同上書）。

さて、近代科学の発祥以来、真理は主に How に係るものになった（バーマン、一九八九）。これは、Why を問題にしたアリストテレスの自然観から大きく後退する変化といえるだろう。ニュートンが万有引力の法則を提示したのは、引力はなぜ発生するのか、引力は何のために存在するのか、といった問いに答えるためではない。引力はどのような法則によって機能するのか、という問いに答えるためである。引力の原因について仮説を立てる必要はない、落下の理由などどうでもよいとされた。ガリレオ（一五六四－一六四二。イタリアの天文物理学者）もニュートンも、重力（引力）が何であるかは問わずに、ただ重力の性質を計測することだけに興味を抱いた。重力を観察、測定、予測できれば自然の操作は可能になるのだから、それで十分とされた。重力がなぜ働くかは現代においてもいまだ解明されていないが、それでも飛行機や人工衛星やロケットは空を飛んでいる（同上書）。近代科学は十分その役割を果たしている。近代が捉える「宇宙」にはWhyという問いは必要ないのである。

またHowを問うとは、科学が実益に関する問いに答えるようになったことも意味する。そこで得られる知識は、道路や橋の建設に威力を発揮する。自然を機械と捉える「機械論的世界観」に立てば、自然と機械との整合性が増し、自然の操作は容易になる。機械による操作が可能になったことと、建設における計測や評価が重視されるようになったこととは無関係ではない。自然を知るとは第一に、「自然の操作の仕方を知る」ことであった。そして近代科学の知識とは第一に、自然を原材料やエネルギー資源として捉え、これらを人間活動にいかに取り込むかという「方法」（How）に関わるものであった。ここでも「脱アニメート化した物質」の捉え方が近代的な人間活動の在り方を方向づけていることは確かだ。

近代科学の隠れた課題

デカルトやニュートンが提示した「客観的事実としての自然」「宇宙としての自然」観が社会に深く浸透すれば、「脱アニメート化した物質」という捉え方も当然視されていく。物質性とは不活性で受動的なものであり、私たちの住む世界はそうした「脱アニメート化した物質」からできている——誰もがそう思うようになった。

これは、人々が世界を「客観的に知りうるもの」として捉え始めたことを意味する。「知る」とは遠く離れた外側から「知る」ことである。地上を脱し、地上外の「どこでもない場所」に位置を取って、そこから透き徹るような球（地球）を眺める（Latour, 2017）——

そうした想定を近代人は当たり前のように前提とする。まるでそこが自分の座るべき本来の場所、居心地のよい椅子と絶好の視角を提供する自分だけの空間であるかのように。自分は肉体のない主体となってそこに座る。そして「宇宙としての自然」について雄弁に語る。肉体がなくても口がなくてもその空間に入っていける(同上書)。私たちはそう信じて疑わない。だがそれは、宇宙服も着けずに離陸する宇宙飛行士のようなものだ。彼は決して真空の星間空間を生き延びられない。同じように、近代人も、実際にはそうした客観的空間を生き延びることなどできない(同上書)。

ではなぜ「遠くから眺める視点」が必要とされ、実際にそれが機能してきたのか。その背景にあったのが、先述の「一七世紀の危機」と三十年戦争であり、そしてその時代を経た人々による「社会の安定化」への希求である。自然を脱アニメート化すれば物質から活動を奪える。そうすれば自然は人々に、確実性を付与する背景になる。「超越世界から借用した物質」という考え方を取れば、自然は始めから完成されたもの、歴史性を持たないもの、したがってその前で人間が「自由」を行使することが可能なものとなる。だからこそ、変動を繰り返す社会を安定化させるための重石になる。近代科学の隠れた課題とは、そうした政治的、社会的装置を作り出すことにあったのではないか。

(2)「精神」の創造を通して「砂上の楼閣」を築く

「物質」の創造に続いて「精神」の創造がなされた。「人間」をどのように捉えるかに視点が向けられていく。ここでも「脱アニメート化した物質」の捉え方が前提としてあって、そこから人間についての議論が始まったことに注意したい。最終的に人間にだけ、羨むべき行為能力、すなわちエージェンシーが授けられた(同上書)。物質を「必然」としたことが、人間に「自由」(偶然)の領域を最大限に与える結果を生んだのである。近代という時代は、人間精神による、物質に対する自由の行使を通して生み出されたと言うことができる。一方では物質をベースとしたどこまでも果てしなく拡大する生産活動の基盤を作り、他方では精神（理性）をベースとした堅牢な近代国家体制を構築する。しかし、こうした構図は、「脱アニメート化した物質」の捉え方の前提がなくなれば、すべてその根拠を失うことになる。そうなれば、それらは砂上の楼閣ということになる。

人間の自由と生産活動

再びデカルトに戻って話を続けよう。デカルトが人間の身体、感覚（知覚）を当てにならないものと退けたことはすでに述べた。そうした判断に至ったのは、彼が「脱アニメート化した物質」の捉え方を前提としていたからだ。「物質としての身体」は「自発的に動かないもの」と見なされた。そのためデカルトは「身体」が「主体である私」に重なることはないとした（デカルト、一九九七）。身体は捨て置かれた。一方、信頼に足るものとして彼が取り上げたのが「精神」である。「我思う、ゆえに我あり」という名句を残したとき、彼は自分のなかに身体とは別の、精神なる領域を認めた。科学の手法を極めるこの一つの発想が、その後の世界に大きな影響を与えた。デカルトは「私」という領域から身体を消し去り、代わりにその「私」に精神という安住の地を提供した。「受動的身体のなかに閉じ込められた能動的精神」という、近代特有の人間像を登場させたのである。

「脱アニメート化した物質」の捉え方を前提とするこうした見方は、身体について次のような仮説を啓蒙思想にもたらした——人間における「自然状態」（政府や法ができる以前の状態）とは「原子化した個体が孤立して存在する状態」のことを指す、と（ホッブズ、一九八二、一九八五、一九九二）。英国のホッブス（一五八八－一六七九）もロック（一六三二－一七〇四）も、またフランスのルソー（一七一二－七八）も、同様の自然状態を仮定している。「機械論的世界観」では物質世界を個々の要素に還元可能なものと見なすが、人間世界もまた、個という単位にばらすことができるとしたわけだ。「自然状態」の仮説の登場以来、「ばらばらの孤立した個」が近代体制を形づくる基盤となった。

啓蒙思想の仮説はこう続く。「自然状態」にあって人間すなわち「ばらばらの孤立した個」は自己保存を図るだろう。まずは食料を確保しようとするだろう。自己保存である限り、それは人間の「基本的自由」の領域とすることができるはずだ。そう捉えて、この基本的自由を社会として保障すべきものと定めた。自己保存の権利を「自然権」と定義し、これを保障するのが近代国家の役割であるとした（同上書）。具体的には、生命・自由・財産・健康に関する権利を自然権と見なした（ロック、二〇一三）。食料確保が自己保存の権利であるからには、モノの所有も自然権に入れた。

しかし、誰もが自己保存を追求していけば、自然資源には限りがあることから、個体間で必ず生存競争が生じるだろう。この状態をホッブズは「万人の万人に対する闘争」と名づけ、どうあっても避けられないものと位置づけた（ホッブズ、一九八二、一九八五、一九九二）。

これらはいずれも「脱アニメート化した物質」の捉え方から導かれたものである。近代体制の基盤となった「自然状態にある人間」という定義、そして「ばらばらの孤立した個」プラス「競争関係」という図式はこうして作られた。

あとはそこに人間精神を登場させ、その働きを通して近代の政治経済体制を形づくればよい。啓蒙思想は「精神」の登場の根拠を、ここでも「脱アニメート化した物質」の捉え方に求めた。ラトゥールの表現を借りれば、西洋近代には特有の操作ルールがあって、それを働かせたのである。すなわち、対象世界は不活性な物体＝客体としてつねに「誰か」に見られるだけの奇妙な役割を担う一方で、それを見ている「誰か」はその対象世界との関係でつねに主体となるようプログラムされているというルールである（Latour, 2017）。自己保存のために人間は身体を動かさなければならない。ところが身体は不活性な物体＝客体であるために自発的には動かない。それを動かすには主体としての「誰か」が必要だ。その「誰か」こそ「精神」だったのである。こうして「脱アニメート化した物質」と「過剰アニメート化した人間精神」は、つねに対関係で登場することとなる。

啓蒙思想は人間精神の働きを詳細に示していった。不活性な身体を動かすには、まず精神が身体を所有し、支配しなければならない。それは身体が精神の排他的所有物であることを意味する（ロック、二〇一三、27節）。この、精神による身体の「所有と支配」の構図が、結果的に人間の自然支配に概念的な土台を提供することになった。不活性な身体に対峙する精神にとって、身体が「所有と支配」の対象以外の何ものでもないならば、身体の延長にある物質世界にもその「所有と支配」が及ぶというわけだ。人間が自然を所有し支配するという「人間‐自然」の関係は、精神が身体を所有し支配するという「身体‐精神」の関係から導かれたのである。

啓蒙思想の議論はさらに続く。人間精神の第一の働きは身体を思い通りに操ることである。そして人間が身体を動かす最大の目的は労働である。労働こそが人間には最重要のものだ。労働は自然との関係を変化させるからである。精神を成長させれば労働は洗練し、やがてそこから価値が発生するようになるだろう。「脱アニメート化した物質」の定義で捉えれば、元来、自然には価値がない。人間が自然（土地）に労働を加えることで、初めてそこに価値が発生する（労働価値説。同上書、40‐43節）。価値の発生とは、自然を材料に生産を行うことだ。したがって労働の目的は生産である。啓蒙思想はこの展開を、「神は生活の便宜のために土地を改良するよう人間に命じた」という言い方で説明した（同上書、32節）。こうした精神の成長と労働の洗練のおかげで、自己保存としての食料確保は「単なる奪い合い」から「生産性をめぐる競争」へと変貌することになる。

労働における身体と精神の関係からは私的所有や土地私有の概念も導かれた。身体は精神の排他的所有物だから、身体から生み出された価値も精神の排他的所有物と見なすことができる（同上書、30節）。そこから私的所有や土地私有の概念が生まれてきたわけだ。土地はもともと無主物《レスヌリウス》であって誰のものでもない。しかし人間には神から与えられた土地を耕す責務がある。

身体が労働を加えれば土地（自然）の生産性は上がる。だから最終的に、土地は生産性を上げた身体を所有する精神としての人間に帰属するとされたのである（同上書、32－33節）。

啓蒙思想はまた、人間を、自然から離れていく存在として描き続ける（Latour, 2017）。人間は自然が元来持つ生産性レベル（人間の手が加わらない植物の成長レベル）に決して満足せず、労働によってこれを改善しようとする（ロック、二〇一三、38節）。なぜなら、神が人間に土地を与えたのは、人間に生活の最大便益を引き出させるためだからだ（同上書、38節）。同じ生産でも、たとえば先住民族の農耕のように、自然の生産性レベルに近い生産活動は価値を生み出しているとは認められない。だからこの場合の生産物は誰の所有物でもない。神は勤勉な人に土地を任せたのだから、土地が未開墾の状態のままでよいわけがない（同上書、34節）。こうして啓蒙思想は、無主物《レスヌリウス》であった土地を、高い生産性を上げた人の所有物に変えることこそ神の意思だと見なした。人間を、自然のプロセスに積極的に介入する存在、自然を乗り越えていく存在と捉えたのである。問題は、そうした捉え方が先住民族の追放、土地の囲い込みに結びついたことだ。しかし啓蒙思想はそれを他人の権利侵害とは見なさない（同上書、33節）。土地は無尽蔵に存在すると考えていたからだ（同上書、33節）。

以上見てきた通り、近代における自由と生産の概念は、「脱アニメート化した物質」と「過剰アニメート化した人間精神」の関係が作り出す構図によって導き出されたといえる。それは、精神を成長させれば人間の自由も大きく花開くということであり、自由を手にするためには自然を材料に生産性を拡大しなければならないということである。やがて自由の追求は大型機械を使った大がかりな生産に向かっていく。今日の経済のグローバル化もこの流れのなかにある。生産性の拡大は、元をたどれば人間の基本的自由の行使に結びついたから、いかなるレベルの生産拡大も尊重され、掛け値なしに追求すべきものとされた。また、「客観的事実としての自然」の考え方が自然と人間社会の切断を保証したから、自然の使い放題に目をつぶることができ、そこから生産の効率性をめぐる競争も始動した。しかも、生産性の拡大により私的所有物を増やすことも人間の基本的自由の行使とされたから、競争が生む富の偏在をも許すことになった。

近代国家体制の構築

啓蒙思想はさらに、こうした「過剰アニメート化した人間精神」を土台にして近代国家体制の構築過程についても描き出していく。まず、近代の特徴を「人間の誕生」と捉えることから始める。近代は「理性を備えた人間」を史上初めて登場させた時代であるというのだ。その上でこう議論する。そもそも理性は誰もが最終的に手に入れられる性質を持ち、人間の普遍的特徴である。ただし誰もがすぐにそれを獲得できるわけではない。理性は啓蒙のたまものであるから、啓蒙の光に照らされた者でなければ獲得できない。だから西洋人、大人、男性、ブルジョアがまず理性を得る。一方に理性の未発達な人間が存在する。彼らは半人間である。自然法則に囚われたままの彼らは、第一の自然である身体を制御することさえ、ままならない。こうした論法のもとで、結果的に、女性、子ども、非西洋人がこの部類に入れられた（ハラウェイ、二〇〇〇）。啓蒙思想は理性的人間の登場を謳うことで、知性のヒエラルキーを作り出したのである。このヒエラルキーは、「労働と生産」の概念と組み合さることで、富の偏在を正当化するのに使われた。精神を成長させた理性的人間が多くの富を持つのは当然だ――そういう議論を可能にしたのである。

啓蒙思想が登場させた「精神の成長」「精神の自由」は、「自己統治の自由」とも言い換えられる。理性化によって、精神は身体を思い通りに操れるようになる。それは自分で自分を律している状態、自分で決めたことに自分が従っている状態である。精神の成長によって自己統治の領域は増えていくだろう。精神の自由を獲得した人間は自由意思のもとで、やがてはすべてを思い通りに構築できるようになるだろう。近代人の誰もがそう信じるようになった。

精神の成長は次に近代国家体制の構築に結びつけられた。精神が成長するにつれて、理性的な判断能力も高まっていく。そうなると、その結果として、精神は第一の自然たる身体に対峙するようになる。もちろん理性（精神）は「万人の万人に対する闘争」の状態をそのまま放置していてよいとは思わない。暴力がはびこる社会では困る。そこで個人（理性化された精神）は君主と社会契約を結び、権利の一部を君主に移譲することに決める（ホッブズ、一九八二、一九八五、一九九二）。君主とすべての人民とのあいだに社会契約が成立すれば、近代国家体制の構築へと至るだろう。そうすれば、国家が力尽くで個人の権利を抑制することも、個人の権利の行使が原因で闘争が暴力的になることも防げるだろう。これが近代国家体制構築の第一の目的とされた。しかし、ホッブズが「人間における自然状態」を新たに発案したことは確かだったとしても、それは近代国家体制の構築過程を説明するというよりも、社会契約の概念を作ることの方が第一義だったと言ってよい。彼が近代国家について語ったのは、いわば「脱アニメート化した身体」と「過剰アニメート化した人間精神」の関係を前提とした論理を展開するためだった。それが結果的に、近代国家という「抽象的舞台」を作り、政治をそこに押し込めることにつながったと取るべきである。

つまり、ここで注意すべきは次の二点である。一つは、逆説的だが、こうして出来上がった近代国家体制はあくまで各人の自己保存を維持するために作られたという点、そして社会契約は「自己保存の放棄」でも「自己保存のための闘争の放棄」でもなかったという点だ。「自己保存の自由」こそが近代国家体制においては第一に保証されるべきものだった。それはいまも昔も変わらない。ルソーは社会契約が生み出す近代国家体制を、「各人がすべての人々と結びつきながら、しかも自分自身にしか服従せず、以前と同じように自由（な政治社会体制）」と表現した（ルソー、一九五四）。国家は個人の権利を保障し、自己の自由と他者の自由が共存する世界を作り上げる。理性による監視さえあれば、「万人の万人に対する闘争」は「市場競争」として花開かせることができる。ルソーはそのように捉えたのだ。

注意すべきもう一点は、近代国家はあくまでも「人間精神の集合的化身」だということである。ホッブズの著書『リヴァイアサン』（一六五一）には、巨大な頭脳を持った同名の巨人リヴァイアサン（主権的権力。主権国家の象徴）が描かれている（ホッブズ、一九八二、一九八五、一九九二）。リヴァイアサンは片手に市民権力の剣を、もう片方の手に魂の力を持つ十字架を握り構えている。その絵を詳細に見ると、この巨人のボディが多数の人間によって構成されていることがわかる。これは、リヴァイアサンのボディが人々の意思の集合的化身であることを象徴的に示している。ただし、リヴァイアサンが束ねているのは人間の精神のみで、人間の身体はどこかに置き忘れている点を見逃してはならない。世界に対峙するのはあくまでも「集合的精神としての巨人」である。さらに絵をよく見れば、巨人の背景にはいくつもの町々、田舎、要塞が描かれているが、それらのすべては巨人の追従者である。人間精神の集合的化身は世界を思い通りに動かす。この集合的精神としての近代国家は「過剰アニメート化した人間精神」をも支配するのだから、きわめて強力なのである。

さて近代国家体制の成立に関しては、政治的代議制（間接的代議制）と法治機構の面からも言及する必要がある。二つは近代の統治体制の主要部分である。啓蒙思想はこの二つの統治体制の登場の経緯についても人間精神の働きに結びつけて説明した。まず、政治的代議制が産声を上げることができたのは近代に入って人間精神が成長したからだと啓蒙思想はいう。人間精神こそが労働と生産によって自然を乗り越え、エージェンシーを発揮して社会を思い通りに形づくることができる。だから人間精神を集合させる仕組みが必要である。その仕組みが政治的代議制だというわけだ。先に見たようにラトゥールは政治的代議制に「モノの代議制」を対置させ、近代を支える二大支柱と位置づけたが（本書二〇六頁）、政治的代議制において「語る」のはもちろん「モノ」ではなく人間精神の方である。啓蒙思想の考え方に基づけば、この仕組みを使えば「過剰アニメート化した人間精神」を饒舌にすることが可能になる。ただ、政治的代議制といっても実際に代表するのは限られた人間である。理性的と認められた人々にだけ参政権（選挙権）が与えられた。その範疇に入ったのは「財産のある」二五歳以上成人男性市民（フランス、一七九一年憲法）である。成人男性市民を、財産の有無によって「能動的市民」と「受動的市民」に分け、「理性的人間」である前者にだけ参政権が付与されたわけだ（女性に参政権が与えられたのは、もっとも早いものでフランスのパリ・コンミューン時の一八九一年、しかも短期間のみの実施である）。

政治的代議制とともに重視されたのが法治機構の構築である。法治機構の構築は近代国家における最重要の課題だった。その理由も人間精神との関係から説明された。すでに見た通り、啓蒙思想によれば、人間精神が成長し理性的判断ができるようになったからこそ、人は社会契約を成立させることができた。そして社会契約を結んだ人たちの判断を集合させたものが一般意思となった。それを体現するものが法となったのである（ルソー、一九五四）。したがって、法（の制定と遵守）は多数の理性の集合体と同義であり、法治国家は理性化された人間精神の集合であるとされた。こうして法治はそれ自体望ましいものとされ、より強固な確実性を社会に提供するためのもっとも重要な機構と見なされた。

法治を重視する姿勢の背景にもやはり「精神の自由」「自己統治の自由」という考え方があった。人が自らの意思に従っているとは、自分で自分を律することに通じる。それと同じように、人々が法に従っているとは、自分たちで決めたことに自分たちが従っていることを意味する。こうして、法を守るとは人民による「集団的自己統治」と位置づけられた。法の下では、人々は互いに結びつきながら自分自身にしか服従せず、自己の自由と他者の自由を共存させている――法治とはそのような理想状態を実現させることだと見なされた。だからこそ法治機構は崇高なものとされ、人民の意思を十分政治に反映させる統治体制だとされたのである（実際に法案作成に当たるのは、官僚、専門家、政治家といったところなのだが）。

「自然は客観的事実である」という命題が近代を作り出す

ようやくこれで啓蒙思想の目指した「近代の確実性」が限りなく堅牢になった――近代は私たちにそう語りかけてくる。ここまでの流れをまとめておこう。

「自然は客観的事実である」――最初こうした自然観は一種の宣言のようなものだった。その単なる宣言が、それに沿った科学的、政治的・法的機構が作られることで自明視されるようになり、結果、近代文明は「地球の物質的リアリティ」から長いあいだ引き離されることとなった。

「自然は客観的事実である」という自然観はまた、人類の進歩観を紡ぎ出した。自然はつねに完全な状態で存在している。だから科学の仕事はそれを発見していくことにあり、それによって獲得した客観的知識は時間とともに確実に増えていく。そう捉えたからこそ、前へ前へとひたすら進む感覚、つまり、発見された事実は客観的なものだから元に戻せない、後戻りできない、ゆえに前進するしかないという進歩観が強固になっていった。この進歩観を生んだ自然観に、近代人は文字通り、がんじがらめにされてきた。

自然観を定めた後は、「客観的事実としての自然」を背景に、それに合った人間観が作り出された。まずは、「ばらばらの孤立した個」を単位として、個人が「自己保存」を図る「自然状態」の姿が描かれた。その「自然状態」を人間の「基本的自由」と見なし、これを最大限に保障する社会の構築が目指された。人間の「基本的自由」とは「自己保存の権利」を追求することであり、それを第一に保障するのが近代社会であるとされた。いまに続く果てしない生産拡大への欲望は、この「基本的自由」に結びつけられたからこそ正当化された。

次に、「客観的事実としての自然」という前提はそこに「精神」を登場させた。「脱アニメート化した物質」はつねに「過剰アニメート化した人間精神」を必要とするのである。その登場によって精神は様々な場所で近代文明の駆動的役割を請け負うことになった。精神がなければ身体を動かすことはできず、労働もままならない。そうなってしまえば生産拡大による自然の乗り越えも不可能になり、進歩を遅らせることになる。すべては精神の成長があるからこそ成し遂げられることだ。こうして精神の成長が重視され、前へ前へと進む進歩観をいっそう強固にした。「理性化」をめぐっても後戻りは許されない。後戻りは理性を失い野蛮に戻ることを意味する。未来に向かうためには、人間は身体という自然から離れ、精神の歩みを止めてはならない。近代人はそうした人間観を身につけたために、物質中心の自然観だけでなく、精神中心の人間観にも呪縛されてきた。

精神の登場はさらに、近代国家体制の構築にも結びつけられた。「過剰アニメート化した人間精神」とはエージェンシー（行為能力、事象を引き起こす能力）のすべてを人間に保障することだが、近代国家はそのエージェンシーを独り占めする「人間精神」から全面的な同意を得て成立した。だからいかにも強大で、「死すべき神」（死すべき定めを持つ人間の集合だが神のように強力なもの）といってもよい存在となった。この「死すべき神」が、近代国家誕生以前に人民を治めていた「不死の神」すなわちすべての宗教に取って代わる。「死すべき神」こそ三十年戦争に終焉をもたらし（Latour, 2017）、ヨーロッパを「一七世紀の危機」から救ったというわけである。

それから数世紀にわたり、近代人は丹念に近代国家体制を築き上げてきた。「必然」（自然、人間の身体）の領域を作り、その土台の上に「偶然」（人間、人間の精神）の領域を大きく広げてきた。

架空の物質性の上に咲いた花

しかしながら結局のところ、こうした近代の営為の真正性については大いなる疑問符がつく。今日世界の現実に照らせば、近代の生産システムも政治経済体制も、架空の物質性の上に咲いたあだ花にすぎないのではないか。どちらも堅固な「物質的リアリティ」には根差していないのではないか。自然という「場」は何ら土台としての役を果たしておらず、むしろ人間によって蹂躙し尽くされ、伝統的共同体と都市コミュニティのあいだの断絶を広げているだけではないのか。私たちはラトゥールの指摘を重く受け止めなければならない――「グローバリゼーションに融合させる地平〔…〕はかつていかなる現実にも、またいかなる堅固な物質性にも、基盤を置いたことがないのである。〔…〕政治はその物質的内容を失っている。政治はまったく何とも関わっていない。文字通り、威力もなければ感受性もない」（本書六五－六六頁）。しかも現在、その物質的リアリティは「人新世《アンスロポセン》」という新たな地質年代の採用を要請するほどの変貌ぶりである。となれば近代という体制が今後さらなる危機に追い込まれるのは必至ではないのか。

銘記すべきは、「近代国家」とは「理性を備えた人間の誕生」という前提のもとで初めて登場しうる「抽象的な存在」だということである。近代国家は「精神」のみの集合体であり、そのもとには「不活性な自然」と「不活性な身体」が佇んでいる。「自然」と「身体」はいわば近代国家体制の人質であり、現実の自然も人間もそれによって金縛りの状態にあるといえる。「脱アニメート化した物質」と「過剰アニメート化した人間精神」の組み合わせで成り立つ近代国家体制は、自然だけでなく人間からもエージェンシー（行為能力）を奪っているのである（同上書）。結局、近代がモデル化した人間は「受動的身体のなかに閉じ込められた能動的精神」ということであるから、それは十全なエージェント（行為能力を発揮しうる存在）ではない。この人間は、身体というリアリティにはまったく接触しておらず、活動的な身体を持ち合わせていない。実際には何もできず抑圧されたままの状態にある。

世界がのっぴきならない状況に陥っているいま、にもかかわらず人々のあいだには依然として「近代の確実性」に対する安心感と「地球のリアリティ」に対する無関心が漂っている。地球温暖化や生態的危機の問題に関心を寄せたとしても、それを自分の身体の問題、自分が居住する地上的な問題（自分の目の前にある問題）として捉えるところまではなかなかいかない。それは私たちがあまりに長いあいだ、脱自然、脱身体に囚われ、地上への愛着、身体への愛着から脱け出そうともがいてきたためだ。それを「進歩」として執拗に追求してきたのだから、近代人はまさに、狂気の道を歩いてきたといえる。

さらにここへ来て、これまで不可避と思われた近代化戦線からの撤退を思わせる動きも始まっている。トランプ米大統領による一国主義の路線や英国政府によるEU離脱《ブレグジット》の決断は、グローバリゼーションを直走る、近代陣営の一糸乱れぬ行進からの離脱を意味するかのようだ。近代成立の背景からすれば、それはまさに激変ともいうべき事態であり、歴史的画期を記す出来事であるかもしれない。しかし、米英両陣営のこの動きが脱近代とはまったく別の地平にあることはすでに触れた通りである（本書一九一頁）。

三　第3のアトラクターを理解するために

(1)テレストリアルへの移行を支持する議論

「脱アニメート化した物質」という前提を失ったとき、私たちはどのような存在になるのだろうか。自然のみならず、身体もまた不活性な物体などではない。自然も身体もエージェンシー（行為能力、事象を引き起こす能力）を備えている。こうラトゥールは言うが、それはどういう意味で、どのような地平へ私たちを向かわせるものなのか。本書でラトゥールは、人類は第1のアトラクター「ローカル」、第2のアトラクター「グローバル」、第4のアトラクター「この世界の外側へ」から第3のアトラクター「テレストリアル」（大地、地上的存在、地球）に向かわねばならないと言うが、それはどういう場所なのか。以下ではガイア理論をはじめとする四つの重要研究、議論をヒントにしながら、本書の最重要テーマである第3のアトラクター、「テレストリアル」が意味するものについて考えていこう。

客観的世界を前提としない人間知性論

一つ目のヒントとなる研究は、米国の心理学者ジェームス・ギブソン（一九〇四－七九）のアフォーダンス理論（生態学的知覚論）である（ギブソン、一九八六、二〇一二）。心理学が人間知性を分析する際には、「『人間の知覚』の目的は『客観的世界の存在』を捉えることにある」という考え方が暗黙の前提とされている。ギブソンはこれに異を唱え、「客観的世界の存在」を前提としない人間知覚論を展開した唯一の心理学者である。ラトゥール同様、精緻な非近代《ノンモダン》論を披露するギブソンの研究は、身体が「不活性な物体」でなくなったときの新たな人間観を明らかにしてくれる。

再びデカルトを出発点としよう。彼は「客観的世界の存在」を前提としたために、知覚を、「受動的な身体」「動かない身体」を前提にした働きとして描かざるをえなかった。身体は「不活性な物体」だから、知覚を分析するときも、「動かない身体」を前提にしなければならない。「動かない身体」は外部に動力源を求める。そのためデカルトは知覚を次のような仮定のもとで説明した。まず、知覚は、知覚の対象となるものが「動かない身体」に対して刺激のエネルギーを放つところから始まる。イメージされたのは空間の片隅にポツンと置かれた対象物で、それが刺激エネルギーを放つ。空間の反対側には刺激エネルギーを受ける身体が置かれている。刺激エネルギーが身体に当たると身体は反応を起こす。この反応情報が身体の中枢に向けて送られ、これが知覚対象の唯一の情報となる。視覚であれば、その反応情報は二次元の網膜像（網膜は平面なので、そこに映し出されるとされる外界像は二次元となる）と言い換えられる。問題は網膜像が三次元の世界を表すほど豊かではないことだ。このことから、脳に伝わった段階での情報、つまり身体プロセスが生み出した情報は当てにならないという結論が引かれる。そしてそこから、身体プロセスを補完するために精神が働き出すという仮定が導き出される。この仮定によれば、精神は不確かな感覚情報を統合して意味を生み出す役目を担う。つまり、この仮定においては、精神の働きがなければ私たちは対象世界について何も知りえない。

さて、ギブソンはこうしたデカルトの説明をどのように転換させるのだろうか。ギブソンはまず、身体を「受動的な身体」「動かない身体」「不活性な身体」ではないと捉える。逆に、「能動的な身体」「動く身体」が知覚したときの状況を前提にして、そこから理論を組み立て直す。ギブソンによれば、「動く身体」を前提にしたとき、そこに現れる「動く知覚者」の視界に入るのは対象世界だけではない。能動的に動く自分の身体（下方に伸びている胴体や手足）も含まれる。見えているのは対象世界と自分の身体の両方であり、またその関係性である。知覚されるその両方とその関係性が、「動く知覚者」の行為がさらにどのように展開するのかを教えてくれる。ここで重要なのは、行為を成り立たせるには環境の助けが伴うことだ。行為は人間だけで作り出せるものではない。たとえば人間が脚を前後に交差させても、歩行という行為に結びつかない場合がある。足下が水面だったなら歩行はできない。環境がサポートしなければ行為は成立しない。行為は人間と環境との共同作業によって作り出されるということである。だから「動く知覚者」にとっては環境が提供する「行為の可能性」（アフォーダンス）を知ることが重要となり、それが人間の知覚の目的となる（人間以外の動物の知覚も同様である）。また、「行為の可能性」は、環境の客観的性質によってではなく、個々の行為者（ラトゥールのいう「エージェント」）の身体と環境との関係性が生む相対的性質によって変わる。たとえば、水面は、人間の歩行をサポートしないが、アメンボの歩行はサポートする。そうなると、「人間の知覚」の目的は不活性な「客観的世界の存在」を捉えることではなく、身体と環境との動的な関係性すなわちアフォーダンスを捉えることにあるということが見えてくる。デカルトは近代科学の方法を打ち立てるときに「客観的世界の存在」を大前提としたが、ギブソンによればそれは間違った捉え方であり、したがって科学実在論の主張もそのまま鵜呑みにできないものとなる。

また、ギブソンのアフォーダンス理論によれば、行為と知覚は循環関係にある。身体が能動的に動くこと（行為すること）で知覚が可能となり、知覚することでさらに次なる行為が可能となる。「能動的に動く身体」という捉え方から始めれば、身体は知覚と行為を直接結びつけ、環境との協働関係を作り、より環境に適応的な行為を持続的に生み出していることが見えてくる。「不活性な身体」の仮説を離れれば事態は一変し、知覚は信頼に足るものに変わる。もはやそこに精神やら理性やらを介在させる必要はまったくない。感覚器から送られる曖昧な情報を統合する必要もなければ、そこに意味を付与する必要もない。行為にあたって精神に身体を統御してもらう必要もない。

アフォーダンス理論に立てば、「客観的世界の存在」を前提に「人間の知覚」を探究してきたこれまでの人間知性分析は意味を失う。「脱アニメート化した物質」の前提を離れれば、近代が作り出した人間観はあっけなく消失し、これまでとはまったく異なる新たな人間観が浮かび上がってくる。知覚は人間の内部で意味表象を作り出すことでもなければ、人間だけで作り出されるものでもない。知覚はつねに人間と環境との合作である。アフォーダンス理論に立ち、これまでの人間知覚論を再考するならば、それだけで近代社会が大々的に祭り上げてきた「精神の動きを第一とする人間観」はその根拠を失うだろう。

問い直される生物学

二つ目のヒントは、ラトゥール自身が『ガイアに向き合う』で展開した議論である（Latour, 2017, lecture3）。議論を簡単に紹介しよう。ラトゥールはまずこう指摘する。

不活性な客観的世界に置かれた不活性な身体からは受動的な生物観しか生まれない。英国の生物学者ダーウィン（一八〇九－八二）による進化論の前提にあるのがこの受動的な生物観だ。ところが地上に生きる生物に受動的なものはいっさい存在しない。すべてがエージェント（行為能力［事象を引き起こす能力］を発揮しうる存在）として能動的に活動し、すべてが自らの利害のためにその周りの環境を意図的に操作しようとする。生存を少しでも確かなものにするためだ。ビーバー、鳥、アリ、シロアリ、樹木、キノコ、藻類、細菌、ウィルス…、地上に生息するすべての存在がそうだ。自らの目的のために周囲を変形し隣人を変えようとする。

彼らが能動的（意図的）な操作を始めると、ダーウィン主義者が言うような自然淘汰や進化はとたんに機能しなくなる。ラトゥールはそのメカニズムを次のようにまとめる。たとえばあるエージェントを分析の出発点とすると、そのエージェントに当てはまることは近隣のすべてのエージェントにも当てはまる。あるエージェントが近隣を操作するなら、その周辺にいるエージェントも自分の近隣を操作する。操作はあちこちで相互的に展開する。Aが自身の生存をより確実にするためにB、C、D、…Xを変えるなら、その返礼としてB、C、D、…XがAを変える。それは行為の波となり重なり合って広がる。すべてのポイントで、出発点となるエージェントの利害計算や意図的操作は他のエージェントの利害計算や意図的操作の影響のもとで、結局は途絶させられる（同上書）。重なり合う行為の波は境界を無視し、いかなる固定的尺度も尊重しないのである。換言すれば、生物個体の意図性は他の生物個体の意図性と反響し合って、結局は行為の出発点での利害計算や意図的操作を無意味なものにしてしまうのだ（同上書）。ここでは自己利益の追求など端から不可能なのである。ある個体の利己的目的は他の個体すべての利己的目的のなかに埋もれる。結果はダーウィン主義者が言うような単純なことにはならない。この意図的操作は、様々なエージェントに拡大適用されればされるほど、全体としての意図性を減じさせる性質を持つものなのだ（同上書）。

ラトゥールによれば、こうした生命現象は近代の政治経済思想家やダーウィン主義者が想像するよりも遥かにカオス的である（同上書）。少なくとも、ダーウィン主義の生物学ではそうした現象は説明されていない。

啓蒙思想の流れにある近代の政治経済思想も、「ばらばらの孤立した個」が自己保存を図り「万人の万人に対する闘争」を生き抜いていくという人間観のもとにあるからには、ダーウィン主義と同じ土台に立っている。それでも彼らが、「人間の場合は、各人が自己利益を最大化する行動を取れば『見えざる手』が働いて経済が発展する。決してカオス的なことにはならない」と主張するなら、その理論的根拠を、その出発点から説明し直さなねばならないだろう（アクターネットワーク論に沿った捉え方については Callon, ed., 1998. MacKenzie, 2009）。

さて、三つ目のヒントは、米国の生物学者リン・マーギュリス（一九三八－二〇一一）による細胞内共生説である（マーギュリス、二〇〇〇、二〇〇三、二〇〇四）。この学説は、生物間の相互影響が生物個体の境界を無意味化するほどの、より革新的な結びつきにまで発展しうることを示唆している。生物個体の境界はマーギュリス以前の生物学者たちが長年捉えてきたよりもずっと曖昧なのである。

細胞内共生説とは、生物進化の初期段階（約二〇億年前）において起きた、原核生物（核を持たない細胞からなる生物。細菌や藍藻の類）から真核生物（核を持つ生物。細菌や藍藻以外のすべての生物）への進化を、生物にとっての非常に大きなステップと位置づけた上で、このステップは微小生物間の「細胞内共生」によって生じた可能性が高いとする学説である。マーギュリスによれば、真正細菌や古細菌といった原核生物は、食べたり食べられたりしたときに、相手の身体を吸収したり相手の身体に吸収されたりはせずにその身体内で共生状態に移行する「細胞内共生」を行う場合がある。微小生物はこの細胞内共生によって、遺伝物質を混じり合わせたり独立に維持したりして進化してきた。実際、真核細胞のなかにあるミトコンドリアや葉緑体などの小器官は今日でも宿主とは独立の遺伝情報を維持している。それは小器官の起源が、共生化した原核細胞に依拠していることを強く示唆する。細胞内共生によってこのとき生まれた真核生物が現代の大型生物（植物、動物）の祖先となったのであり、もし原核生物から真核生物が誕生していなかったら今日の大型生物は存在していないだろう、それほど大きなステップだったとマーギュリスは述べている。その上で彼女は、こうしたステップこそが進化において重要な役割を果たすのであり、突然変異は期待されたほどの役割を果たしていないと論じている。マーギュリスの細胞内共生説はダーウィン主義に大きな楔を打ち込んだのである。

また米国の哲学者ダナ・ハラウェイ（一九四四－）は、今日の大型生物においてもそうした発生的共生関係が見られるとする研究（McFall-Nagi, 2014）を引用し、この発生的共生こそが進化の重要原理ではないかと推察している（Harraway, 2016）。ハラウェイが例示したのはハワイに生息するボッブテイルイカ（Euprymna scolopes）で、このイカは発光細菌（Vibrio Fischeri）と共生関係にある。腹部の小袋に発光細菌を住まわせていて、夜間狩りをするその姿は水中からは星空にしか見えず、おかげで獲物を騙すことができる。それだけでなく、発光細菌はイカの発生において重要な規制因にもなっている。発生するには、ある時期に、ある場所で、ある種類の細菌に感染しないと、成体になって小袋構造を作り出すことができない。また、発光細菌の生み出す信号がなければイカの日内リズムは崩れてしまうが、その一方でイカは、発光細菌の数が増えすぎないよう制御するために、積極的に余分の細菌を吐き出したりもしている。

こうした発生的共生が進化において重要な役割を果たしてきたのだとすれば、前もって定まった「境界のある個」を前提とするダーウィン進化論は決して十分な理論とはいえない（同上書）。それは生命のダイナミズムを十分捉えていない。ダーウィン進化論と同じ土台に立つ近代政治経済思想の「人間の自然状態」についての議論（本書二〇九頁）も、「境界のある個」の存在を前提としている限り、その根本から問い直されねばならないだろう。

ガイア理論——物理的世界と生物の相互構成

最後に、四つ目のヒントは、英国の大気科学者で生化学者のジェームス・ラブロック（一九一九-）が展開したガイア理論である（ラブロック、一九八四）。IPCCの温暖化人為的起源説に先行する、地球大気についての重要研究だ。ガイア理論が最初に提案されたのは一九六〇年代とかなり昔に遡る。自然を物理現象として語るのが主流だった時代に、ラブロックはいち速く物理的環境（地球大気）と生物活動（地球生命）との密接なつながりについて指摘した。ガイアとは地下・地表・地上を含めたおよそ数キロメートルの薄い膜状の地球生命圏のことである。この薄膜のなかで、物理的環境と生物活動との相互作用が三〇億年以上も繰り返されてきた。ラトゥールはこの地球生命圏をクリティカルゾーン（本書17章）と名づけ、今後さらに探究を深めるべき領域だとしている（Latour, 2017）。

　米航空宇宙局（NASA）で惑星探査計画に従事していたラブロックは、火星や金星を研究するなかで、それらとはまったく違うユニークな地球を見出した。それはガリレオ以来の地球の見方を大きく転換させるものとなった。三世紀前ガリレオは、すべての惑星は同様の性質を持ち、地球もその一つにすぎないと喝破した（同上書）。最新科学にまで受け継がれてきたこのガリレオの視点をラブロックは覆した。

　ラブロックによれば、地球大気の性質は金星や火星など太陽系の他の惑星と比べ、大きく異なっている。たとえば、他の惑星の表面温度は極端に高いか低いかどちらかであり（金星四七七℃、火星マイナス五三℃）、その日内格差・年内格差の幅も大きいが、地球のそれはマイルドに安定していて生物の生存に適している（一三℃）。また、大気の化学的組成も他の惑星とは明らかに違う。現在の地球大気のそれは酸素（二一％）と窒素（七九％）の割合が高く、他の惑星の大気のそれは二酸化炭素＝CO_2（金星九八％、火星九五％）の割合が非常に高い（地球のCO_2は〇・三％）。さらに、他の惑星の大気が化学的「平衡状態」（安定状態）に近いのに対して、地球大気は極端な「非平衡状態」（不安定状態）にあり、化学反応しやすい気体がふんだんに漂っている。地球大気の構成比が現在値に収まる確率を計算で求めると、一〇の数十乗分の一にもなるほどの比類のなさである（ラブロック、一九八四）。きわめて稀なことが地球ではつねに起きているのであり、その非平衡状態は何億年、何十億年と続いてきたのである。

ここで注目すべきは、地球大気のこの非平衡状態が、生物の生存には適していたということだ。地球大気もかつて（四〇億年前）は二酸化炭素の割合が高かった。それが長い年月のうちに、炭素の多くが地中へと移動した。この移動に生物活動が部分的に関わっている（地球では四〇数億年前、水蒸気が冷えて水になり海ができたことで、大気中の二酸化炭素の多くが水に溶けて石灰岩中に固定された。こうした作用と生物による二酸化炭素の固定が合わさって大気中の二酸化炭素量が減った）。炭素と窒素は生物の身体を構成する必須元素で、生物の生体内に取り込まれたものだが、その生物が遺物となって地下に埋もれたことで炭素の多くは大気から除去され、窒素もそのいくらかが地中へと移動したのである。もっとも、地球大気には現在、窒素が七九％も含まれている。気体の状態で窒素が存在すること自体が、大いなる不思議、驚異とされている。というのも、中性の海洋を考えれば、窒素は化学的に安定した硝酸イオンとなって、海洋に溶けているべきだからだ（窒素の安定形態はガスではなく海中に溶けた硝酸イオンである。もし生命が存在しなくなれば、空気中の窒素の大部分は酸素と結合して、硝酸塩の形で海へ戻るはずだ〔同上書〕）。あるいはこれらの元素のすべてが固体となって海洋に沈降し、生物圏から離れる可能性もあった。そうなれば生物は生存できなかっただろう。しかし実際にはそうはならず、運よく、重要元素を抽出する掃除屋バクテリアが出現し、炭素など重要元素のいくらかを大気に戻すようになった。生命は炭素も窒素も失わずに済んだのである。こうして見てくると地球大気は、生物活動に不可欠な元素を供給する「生物原料の貯蔵庫」のようなものだ。その貯蔵庫の管理を生物は一日も怠らずに行ってきたのである。

しかも地球大気には現在、化学反応をきわめて起こしやすい元素、すなわち酸素が二一％含まれている。酸素が生物にとって猛毒であるのはいまも昔も変わらない。地上の有機体は「燃えてしまうリスク」（酸化）と隣り合わせに生きている。ただ酸素をめぐっては、物理的環境と生物活動とのあいだに驚くべき相互生成の歴史があった（マーギュリス他、一九九八）。酸素はもともと物理的環境の一部として地表にあったものではない。酸素の出現はまさに予見不可能な出来事だった。三〇億年以上前、原始の細菌が光合成を「発明」し、太陽エネルギーと二酸化炭素を取り込んで自ら栄養を作り出すようになった。酸素はその副産物として排出されたのである。それでもしばらくのあいだは、地表は低酸素の環境を維持していた。しかし次第に光合成細菌が増殖し酸素が地表に広がるようになった。そして最終的には酸素二一％の大気が作り出されたのである。もし最初に細菌が増殖していなかったら、酸素は細菌の周辺にある危険な汚染物の一つにすぎなかっただろう。

　初期の微生物にとって酸素は依然、致死的な猛毒だった。多くの微生物がそれで命を落とした。しかしやがて猛毒が生物に新たな機会をもたらすことになった。酸素を積極的に利用してエネルギーを取り出す生物、呼吸する生物が登場したのである。酸素を使えば有機物から効率よくエネルギーを取り出すことができる。大気への酸素の蓄積は生物の変化を伴って段階的に進んだ。そのため生物は、最終的に巨大化することができた。化石記録によれば、生物が急激に大きくなったのは二つの時代に集中している。原核生物から真核生物に進化したときと、単細胞生物から多細胞生物に進化したときである。いずれもその進化は、大気中の酸素濃度の上昇に関連して起きた。まず、約二〇億年前に酸素が大気に溜まり始め現在の量の一％程度になったころ原核生物から真核生物が誕生し、そこから約二億年をかけて肉眼では見えないほどの微小細胞が親指大の生物へと大型化した。次に、その後長いあいだ生物のサイズはほとんど変わらなかったが、酸素濃度がさらに大きく上昇して現在の量の一〇％程度に達した約五億四〇〇〇万年前に、生物の多細胞化が進み、三葉虫などの、組織を持った大型動物を出現させた(Jonathan, et.al., 2009)。

ある研究では、地球の温暖化が進み、仮に二一〇〇年頃に海水温が平均六℃上昇したとすれば、植物プランクトンの光合成プロセスが崩壊し、酸素生成が止まる可能性があると警告している（Sekerci, et. al., 2015）。大気中の酸素の七〇％は海洋の植物プランクトンによって生成されており、その生成活動は海水温の影響を受ける。プランクトンと酸素のこのダイナミックな関係が地球温暖化で破綻すれば、植物プランクトンの絶滅によって酸素生成が止まり、地上生命圏が悲劇的結末を迎える可能性もあるという。

ラブロックが言うように、生物活動はいまも「非平衡状態」の大気を作り続けている。生物活動（地球生命）は物理的環境（地球大気）を大きく作り変えてきた。同時に物理的環境（地球大気）もまた、生物活動（地球生命）のあり方を大きく変えてきた。地球大気と地球生命は互いに「依存」し合いながら進化してきた。地球大気も地球生命も、物理的環境と生物活動の「相互依存」によって作られた歴史的構築物なのである。そうなると、大気と私たち生物を切り分けることは不可能である。大気は私たちであり、私たちは大気であるということだ（Latour, 2017）。つまり、物理的環境と生物活動は互いに強く依存していながら、両者のあいだには境界はないのだ。また、ギブソンやラトゥールが言うように、物理的環境と生物活動の姿を描くのに、物理的環境（空間）を生物が「入っている」フレームやコンテクストと捉えることは理に適っていないし、マーギュリスやハラウェイが主張するように、生物個体を内側と外側という境界を持つ存在として最初から設けることも不適切だということになる（Harraway, 2016）。

(2)「テレストリアル」を発生させ続ける

新たな自然の捉え方

本書の議論の軸をなす第3のアトラクター「テレストリアル」を理解するには上述した様々な議論がその助けとなるだろう。不活性な自然という見方を捨てて、生物活動やその周囲の物理的環境をつぶさに観察してみれば、まったく違った世界が見えてくる。それは地球生命圏ガイアと呼ぶにふさわしい実に活発な世界だ。ガイアには不活性なもの、外部的なものは何一つ存在しない（Latour, 2017）。物理的環境でさえエージェンシーを持つ。それは生物活動に活発に反応する。クリティカルゾーンの薄膜を構成する地下・地表・地上の世界では、つねに物理的環境と生物活動とのあいだでダイナミックな相互生成プロセスが展開されている。すべての生き物と地下・地表・地上の環境から構成される空間はまさに時間とともに立ち現れてくるものであり（同上書、lecture4）、私たちが「歴史」と呼ぶその性質に大変よく似ている（同上書、lecture3）。一つひとつの事象が連鎖の時間を少しずつ先に延ばし、直前の事象がその後に続く事象をより「発生」しやすくするという性質だ。空間とは時間の子孫なのであって、「宇宙としての自然」（本書二〇五頁）の見方が示すような普遍的法則に支配された「時間なき世界」ではない。空間とは必要の産物というより偶然が生み出したものである。

物理的環境と生物活動が相互に相手を作り出すのであれば、環境と生物個体とを分ける境界を設けても、それは簡単にひっくり返る（同上書、lecture3）。生物をめぐる状況は「境界を持つ個体」プラス「関係」という図式（単位としての「境界を持つ個体」を前もって特定できる。個体が他といかなる関係を持とうとも、「境界を持つ個体」はそのまま維持される）で表せるものではない（Harraway, 2016）。人間も基本的には状況は同じであり、「個の境界」を持たず、他の生物や環境とのあいだで「相互生成の一体的関係」（単位としての「境界を持つ個体」を前もって特定できない。なぜなら個体と他との関係が「境界を持つ個体」をつねに変えてしまうから）を作り上げてきたはずだ。

ところが近代における生物理解、人間理解はこうした「相互生成の一体的関係」をまったく反映してこなかった。ダーウィン主義の生物学も近代の政治経済思想も、「境界を持つ個体」プラス「関係」という土台の上に築かれてきた。今日、人間と自然とのあいだに蓄積している軋轢の最大原因はここにある。近代人の自然観は根本から見直さなければならない。

変わる政治的方向づけ

自然観が変われば、政治的方向づけの認識法も変わっていくだろう。ラトゥールは、生産システム（system of production）として捉えられてきたこれまでの経済社会を、今後は発生システム（System of Engendering）という新たな認識のもとで組み立て直さなければならないと主張する（本書18章）。ラトゥールの議論によれば、生産システム（人間だけにエージェンシーを付与する性質を持つ）は「宇宙としての自然」あるいは「客観的事実としての自然」（動かない自然）を前提に組み立てられたものであり、発生システム（人間と自然を対等なエージェントと見なす性質を持つ）は「プロセスとしての自然」（古典的自然。動く自然）という、前者とはまったく異なる自然観によって導かれるものである（本書15－17章）。この発生システムに焦点を当てた新たな分析が私たちを第3のアトラクター「テレストリアル」に近づけるとラトゥールは言う。彼によれば、近代が生んだ生産システムと新たに機能させるべき発生システムとの大きな違いは次の三点である（本書18章）。

まず、両者は根本原理が違う。生産システムは「自由」（解放）を原理とするが、発生システムは「依存」を原理とする。前者は「環境と個体の境界」を大前提に「個体の自由」を保障しながら、資源としての「環境」（自然）をふんだんに利用し、生産性を上げていくことが課題となる。後者は「環境と個体の境界」をアプリオリ（先験的）に設けることなく「依存の関係」を確かなものにしながら、互いに相手を変え合い、自らを発生し続けしていくこと（相互生成）が課題となる。

第二の違いは、人間と非人間（動物、自然、モノなど）の役割関係をめぐるものだ。生産システムにおいては人間が「中心的役割」を果たす。対して、発生システムにおいては人間だけでなく、他の動物も植物も微生物も、あるいは物理的な対象物である山も風もモノも、すなわちあらゆる「地上的存在」がエージェンシーを持ち、互いに「分散的役割」を果たす。互いに相手を変え合う「相互生成の一体的関係」にあるからには、人間のみにエージェンシーを持たせるわけにはいかない。したがって、生産システムから発生システムへの移行時にはエージェンシーの再配分が必要になる。

第三の違いは、それぞれが持つ関心の対象に関わる。生産システムでは「メカニズム、機械的作用」が関心の対象となり、発生システムでは「発生」が関心の対象となる。人間の都合だけのために資源を使い、生産量を増やすという前者の関心に後者は興味を示さない。後者は、「すべての地上的存在」(テレストリアル)を「発生」させ続けることに関心を向ける。したがって、発生システムのもとでは、「依存」による相互生成を持続するために、現在進行中の「自由」のプロジェクトは再考を迫られ、「個体の自由」には制限が設けられる。

政治的方向づけの認識法に関わる以上の議論を踏まえると、ラトゥールの言う「テレストリアル」に向かうためには、何よりもまず現在進行中の生産システムの性質をよく理解し、このシステムからいかに離れていくかが第一となる。同時に、人間活動をより大きな発生システムのなかに位置づけ直し、このシステムをいかに機能させていくかが重要となる。

「地球に降り立つ」(Down to earth)というメッセージ

啓蒙思想の隆盛以来、西洋近代モデルは長い時間のなかで人類史上かつてない発展を経験してきた。最大限の「個の自由」を確保し、資源をふんだんに使い、大々的な生産活動を展開してきた。そのおかげで、このモデルは「豊かな生活」を人々に享受させ、「理性」の理想に則った卓越した社会を築くことができた。それは「客観的な世界」の存在を信じたからこそ成しえた業だった。しかし、その代償として足下の地面は激しく動揺するようになった。不動の背景を形づくっていた自然は大きく変貌し、私たちと主役の座を競うまでになった。しかも近年では、そうした状況を逆手に取ったトランプ主義(「気候変動問題」よりも「個の自由」を優先させるために、「客観的事実としての自然」への信心すら逆利用する倒錯的政治手法。本書第8章)までも出現させている。

私たちは本来の地球を見ていなかった。「客観的事実としての自然」と「物質的リアリティ」とは決して同じではないのに、それを長いあいだ混同してきた。近代維持装置によって私たちの目は曇らされてきた。ラトゥールが嘆くように、「近代化プロジェクトとは真空のなかを浮遊」するかのごとくであり、私たちはそうと気づくのに「何と二〇世紀の終わりまでかかった」（本書六五頁）。確実性と思われてきたものは、実際には「脱アニメート化した物質」性を押しつけられたことで生じた錯覚だった。確実性の夢が維持できたのは、比較的穏やかな地質年代に助けられてきたからだった。いまや大地＝地球との関係、生きられる世界とのすべてのつながりが著しく後退する時代に入った。近代人の失敗は、過度の物質主義や過度の精神主義からというよりも、過度の客観主義、すなわち物質的リアリティを欠いた「超越性の過剰投与」から生じているのである（Latour, 2017）。

そうと認識したなら、私たちはいますぐにでも行動を開始すべきだろう。ラトゥールは本書のなかでそう呼びかけ、次のような提案を行っている。進路を変えて「テレストリアル」に向かうのだ。「テレストリアル」とは「地上性」を持つということだ。対象とうまくやること、調和することが課題ではない。対象に「どのように依存するか」、それを学ぶことが重要だ（本書一三五頁）。自己の存在が周りの生物や物理的環境に強く「依存」している現実に気づいたならば、その「依存」についてよりよく知り、その「依存」領域の地図を描くことが私たちの目標だ。自分たちが存在し続けるために必要なあらゆる地上的存在、そして自分たちが存在し続けるために脅威となるあらゆる地上的存在（これには人間自身の営為も含まれるだろう）を見つけ出し、それらの活動を徹底的に追いかけ、詳細に調査、記述することだ（本書一四四－一四七頁）。

そうした調査、記述の作業はまだ始まったばかりである。本解題でも「テレストリアル」を理解するヒントとして四つの研究事例について概観したが、今後はそうした新しい地球科学、生命科学への期待がより高まっていくだろう。「宇宙としての自然」や「客観的事実としての自然」ではなく、「プロセスとしての自然」を扱う科学である。

私たちはデカルト以来の長い道のりをひたすら歩み、近代という砂上の楼閣をこつこつと築き上げてきた。それはいまも精巧で立派だが、文字通り、架空の物質性の上に乗っていることには変わりない。その近代をいよいよ離れるときが来た。「テレストリアル」は共同体に身近な視点を持ち、そこから土地への帰属や愛着を政治化するよう求める。まさに「地球に戻れ」ということだ。宇宙に確実性を求めた近代人がいま地球に降り立つ。本書のタイトル「地球に降り立つ」(Down to Earth) は、ラトゥールからの一意専心のメッセージと理解すべきだろう。

ギブソン、J・J『生態学的視覚論――ヒトの知覚世界を探る』古崎敬訳、サイエンス社、一九八六。

ギブソン、J・J『生態学的知覚システム――感性をとらえなおす』佐々木正人・古山宣洋・三嶋博之監訳、東京大学出版会、二〇一一。

デカルト、ルネ『方法序説』谷川多佳子訳、岩波書店、一九九七。

ハーヴェイ、デヴィッド『資本の〈謎〉――世界金融恐慌と21世紀資本主義』森田成也・大屋定晴・中村好孝・新井田智幸訳、作品社、二〇一二。

ハーヴェイ、デヴィッド『反乱する都市――資本のアーバナイゼーションと都市の再創造』森田成也・大屋定晴・中村好孝・新井大輔訳、作品社、二〇一三。

バーマン、モーリス『デカルトからベイトソンへ――世界の最魔術化』柴田元幸訳、国文社、一九八九。

ハラウェイ、ダナ『猿と女とサイボーグ――自然の再発明』高橋さきの訳、青土社、二〇〇〇。

ホッブズ、T『リヴァイアサン』全四巻、水田洋訳、岩波書店、第一・二巻一九九二、第三巻一九八二、第四巻一九八五。

マーギュリス、リン『共生生命体の30億年』中村桂子訳、草思社、二〇〇〇。

マーギュリス、リン『細胞の共生進化』上・下、永井進訳、学会出版センター、二〇〇三・二〇〇四。

マーギュリス、リン、ドリオン・セーガン『生物とは何か――バクテリアか惑星まで』池田信夫訳、せりか書房、一九九八。

マルクス『資本論』6（第三巻第三篇「利潤率の傾向的低下法則」）エンゲルス編、向坂逸郎訳、岩波書店、二〇一七。

ラトゥール、ブルーノ『科学が作られているとき――人類学的考察』川崎勝・高田紀代志訳、産業図書、一九九九。

ラトゥール、ブルーノ『虚構の「近代」――科学人類学は警告する』川村久美子訳・解題、新評論、二〇〇八。

ラトゥール・ブルーノ『法が作られているとき――近代行政裁判の人類学的考察（人類学の転回）』堀口真司訳、水声社、二〇一七。

ラブロック、ジェームス『地球生命圏――ガイアの科学』星川淳［スワミ・プレム・プラブッタ］訳、工作舎、一九八四。

ルソー、J・J『社会契約論』桑原武夫・前川貞次郎訳、岩波書店、一九五四。

ロック、ジョン『完訳　統治二論』加藤節訳、岩波書店、二〇一三。

Callon, Michel ed., *Laws of the Market* (1998), John Wiley and Sons, 1998.

Crutzen, Paul J. and Eugene, F. Stoermer, "The 'Anthropocene'," in *Grobal Change Newsletter*, Vol.41, 2000, pp.17-18.

Harraway, Donna, *Staying with the Trouble: Making Kin in the Chthulucene*, 2016.

Harvey, David, *Abstract from the Concrete,* Sternberg Press, 2016.

IPCC, *AR5 Synthesis Report: Climate Change 2014:Impacts, Adaptation, and Vulnerability,* 2013, 2014. https://www.ipcc.ch/report/ar5/syr/

Jonathan L. Paynea, Alison G. Boyerb, James H. Brownb, Seth Finnegana, Michał Kowalewski, Richard A. Krause, Jr.d, S. Kathleen Lyonse, Craig R. McClainf, Daniel W. McSheag, Philip M. Novack-Gottshallh, Felisa A. Smithb, Jennifer A. Stempieni, and Steve C. Wangj Two-phase increase in the maximum size of life over 3.5 billion years reflects biological innovation and environmental opportunity, *PNAS,* January 6, 2009, vol. 106, no. 1.

Kofman, Ava Bruno Latour, the Post-Truth Philosopher, Mounts a Defense of Science, *New York Times Magazine,* Oct 25, 2018. https://www.nytimes.com/2018/10/25/magazine/bruno-latour-post-truth-philosopher-science.html

Latour, Bruno, *War of the Worlds: What about peace?,* Chicago Prickly Press, 2002.

Latour, Bruno, *Politics of Nature: How to Bring the Sciences into Democracy,* trans. Catherine Porter. Cambridge, MA: Harvard University Press, 2004.

Latour, Bruno, *Rejoicing:or the torments of religious speech,* Translated by Julie Rose. Cambridge, UK:Polity. 2013.

Latour, Bruno, *Facing Gaia* : *Eight Lectures on the New Climate Regime,* trans. Catherine Porter, Polity Press, 2017.

Leiserowitz, Anthony, Edward Maibach, Connie Roser-Renouf, Seth Rosenthal, Matthew Cutler and John Kotcher, Politics & Global Warning, October 2017, Report, Dec.13, 2017, *Yale Program on Climate Change Communication*. https://climatecommunication.yale.edu/ publications/politics-global-warning-october-2017/2/

Loser, Claudio M., Global Financial Turmoil and Emerging Market Economies: Major Contagion and a Shocking Loss of Wealth?, *Global Journal of Emerging Market Economies,* Vol.1 Issue 2, 137-158. 2009.

MacKenzie, Donald, *Material Markets:How Economic Agents are Constructed,*Oxford University Press, 2009.

McFall-Nagi, Margaret. "Divining the Essence of Symbiosis: Insights from the Squid-Vibrio Model", *PLOS Biology* 12, no.2 (February

2014) : e1001783. doi:10.1371/journal.pbi0.10017833. Accessed August 9, 2015.

Morton, Oliver, *Eating the Sun: The Everyday Miracle of How Plants Power the Planet,* London:Fourth Estate, 2007.

Oxfam, 2018. https://www.oxfam.org/en/ pressroom/pressreleases/2018-01-22/richest-1-percent-bagged-82-percent-wealth-created-lastyear

Sekerie, Yadigar and Sergei Petrovskii, "Mathematical Modeling of Plankton-Oxygen Dynamics under the Climate Change," *Bulletin of Mathematical Biology* 77, pp.2325-2353, 2015.

Smithsonian National Museum of Natural History, *Natural History in the Age of Humans: A Plan for the National Museum,* Strategic Plan 2016-2020, 2015. https//naturalhistory. si.edu/sites/default/files/media/file/nmnhstrategicplan2016-2020accessible.pdf

Steffen, Will, Wendy Broadgate, Lisa Deutsch, Owen Gaffney and Cornelia Ludwig, The trajectory of the Anthropocene: The Great Acceleration, *The Anthropocene Review,* 1-18, 2015.

著者紹介

ブルーノ（ブリュノ）・ラトゥール（Bruno Latour）

1947年フランスのボーヌ生まれ。哲学者・人類学者。現在、パリ政治学院のメディアラボ並びに政治芸術プログラム（SPEAP）付きの名誉教授。2013年ホルベア賞受賞。専門は科学社会学、科学人類学。アクターネットワーク理論（ANT。人間と非人間をともに「行為するもの」として扱う新たな社会理論）に代表される独自の社会科学の構想やANTをベースにした独自の近代文明論で著名。代表作『虚構の「近代」』ではポストモダンではなくノンモダンへの転換の必要性を説き、近年は近代文明が生み出す地球環境破壊、圧倒的な経済格差の問題を正面から取り上げ、問題解決のための政治哲学的分析に力を注ぐ。著書：『科学がつくられているとき』（川崎勝ほか訳、1999）、『科学論の実在』（川崎勝ほか訳、2007、以上、産業図書）、『虚構の「近代」』（川村久美子訳・解題、新評論、2008）、『近代の〈物神事実〉崇拝について』（荒金直人訳、以文社、2017）、『法が作られているとき』（堀口真司訳、水声社、2017）、『社会的なものを組み直す』（伊藤嘉高訳、法政大学出版局、2019）、*Politiques de la Nature*（自然の政治）, La Découverte, Paris, 1999、*Face à Gaïa*（ガイアに向き合う）, La Découverte, Paris 2015など多数。

訳者紹介

川村久美子（かわむら　くみこ）

上智大学卒業後、コーネル大学にて社会学修士号、東京都立大学にて心理学博士号を取得。東京都市大学メディア情報学部教授を経て、現在同大学名誉教授。専門は環境社会学、科学社会学。著書：『サステイナブル経済のビジョンと戦略』（共著、日科技連出版社、2005）、『地球温暖化とグリーン経済』（共著、2012）、『「エコ文明」への転換を目指して』（共著、2013、以上、生産者出版）など。訳書：W. ザックス『地球文明の未来学』（共訳、2003）、B. ラトゥール『虚構の「近代」』（2008）、W. ザックスほか『フェアな未来へ』（2013、以上、新評論）など。

地球に降り立つ
——新気候体制を生き抜くための政治　（検印廃止）

2019年12月25日　初版第1刷発行
2021年4月1日　初版第2刷発行

訳者　川村久美子
発行者　武市一幸

発行所　株式会社 新評論

〒169-0051 東京都新宿区西早稲田3-16-28
http://www.shinhyoron.co.jp

TEL 03（3202）7391
FAX 03（3202）5832
振替 00160-1-113487

定価はカバーに表示してあります
落丁・乱丁本はお取り替えします

装幀　山田英春
印刷　フォレスト
製本　松岳社

ISBN978-4-7948-1132-5
Printed in Japan